關於 **科學** 的100個故事

100 Stories of Science

霍致平◎編著

科學發現世界

愛因斯坦曾說過一句最有深意的話：「宇宙中最不可理解的是宇宙是可以被理解的。」科學所帶給人的最大意義，就是它能夠合理的解釋這個世界。

也許從第一個仰望星空的人開始，人類就開始探索這個世界了。對「知」的渴求是人類最本真、最原始的需要，過去，我們求助於宗教，現在，我們求助於科學。宗教讓我們對世界頂禮膜拜，而科學讓我們以平等、自信的眼光看待這個世界。宗教讓我們相信神的力量，而科學讓我們相信人的力量。

西元前六世紀，古希臘的哲學家開始思索世界本質的問題。他們不再滿足於那虛妄、從未出現過的神來掌控頭腦，於是，他們決定動用自己的智慧，來探究世界的未知──直到今天，這種探究一直在延續。他們探究世界的形成與運轉，他們追問人類自身的生存與發展，他們思索種種自然現象的發生，他們希望揭示所有的流轉背後最本質的規律。第一批從神學的迷霧中醒來的人，開啟了人類歷史上一個嶄新的時代。

這些人的名字你我都耳熟能詳，人文哲學家蘇格拉底、體系哲學家柏拉圖、天文學家托勒密、數學家歐幾里得、物理學家阿基米德、醫學

家希波克拉底，還有橫跨諸領域的亞里斯多德，每一個名字，都代表著現代科學的一個方向、一個起源。從此，人類不再跪拜在自然面前，而是站起身來，平等地直視它。

文明一旦起源，便如江河傾瀉，奔騰不息。人類總會成長，他們不再滿足於那玄幻、神秘的解釋，他們需要用自己的眼睛去觀察這個世界。正所謂「奇則察，細察則生疑。疑逐生思。冥思而深究」，人類好奇的天性是世界的推動力，促使人類動用全部的智慧與精力去追尋未知的解答，世界便在這無盡的探索中前進。

回顧過往千百年的歲月，你會發現，原來人類發現了這麼多，認識了這麼多，也創造了這麼多。上帝賜予了人類最大的能力——思考，從此，科學的腳步再也不曾停歇。

天爲什麼是藍的，葉爲什麼是綠的，我們都一一獲得了答案。但是，認識得越多，我們就越發現，我們知道的其實太少太少。人類太渺小，世界卻是無垠的；認識得越多，我們就越發現，這個世界的偉大與神秘，確實值得我們跪下來，深深地吻它的腳趾。

第一章　科學常識

第二章　科學發明

第三章　科學定律及理論

目錄

第四章　尖端學科

第五章 科學研究及其他

第一章

科學常識

空氣有重量嗎？

地球的周圍被厚厚的空氣包圍著，這些空氣被稱為大氣層。空氣可以像水那樣自由地流動，同時它也受重力作用。因此空氣的內部向各個方向都有壓強，這個壓強被稱為大氣壓。

托里拆利是17世紀一位頗負盛名的科學家。正當他39歲生日之際，突然病倒，與世長辭。可是短短的一生中，他取得了多方面傑出的成就，贏得了很高的聲譽。

在托里拆利的時代，關於空氣是否有重量和真空是否存在，爭議很大。一些深受亞里斯多德影響的人認為，「世間萬物之中除了火和空氣以外均有各自的重量。」他們堅持自然界「害怕真空」的說法。而另一些人則以伽利略為代表，他們認為物體有自己的重量，各有重量大小不同和質地疏密之分。

托里拆利是伽利略的支持者，他進行了大量試驗，不但發現了真空，驗證了空氣有重量，還獲得了新的發現。

1641年，托里拆利受到一位科學家進行的真空試驗啟發，採用密度較大的水銀進行試驗。

在這個試驗中，他將一根長度為1公尺的玻璃管灌滿水銀，然後用手指頂住管口，將其倒插進裝有水銀的水銀槽裡，放開手指後，可見管內部頂上的水銀已下

落，留出空間來了，而下面的部分則仍充滿水銀。

　　為了進一步證明管中水銀面上部確實是真空，托里拆利又改進了實驗。他在水銀槽中將其水銀面以上直到缸口注滿清水，然後把玻璃管緩緩地向上提起，當玻璃管管口提高到水銀和水的介面以上時，管中的水銀便很快地瀉出來了，同時水猛然向上竄至管中，直到管頂。由此可見，原先管內水銀柱以上部分確實是空無一物的空間。原先的水銀柱和現在的水柱都不是被什麼真空力所吸引住的，而是被管外水銀面上的空氣重量所產生的壓力托住的。

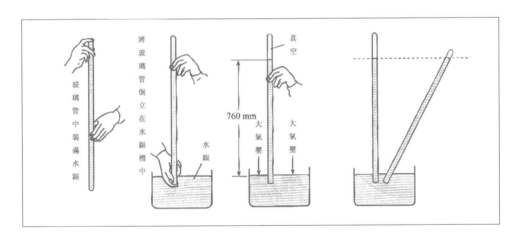

　　這個實驗充分證明了真空的存在，以及空氣有重量的看法。可是在當時，這一發現遭到了很多迷信亞里斯多德的科學家的反對，他們提出玻璃管上端內充斥「純淨的空氣」，並非真空。於是，一場激烈的爭論展開了，大家各抒己見，眾說紛紜，持續了很久。直到後來，帕斯卡的實驗成功，證實托里拆利的理論後，關於空氣有沒有重量以及真空問題才逐漸得以統一。

　　但在當時，不管爭議如何，托里拆利堅信自己的試驗成果，並且在不斷地實驗中還發現了一個新問題：不管玻璃管長度如何，也不管玻璃管傾斜程度如

何，管內水銀柱的垂直高度總是76公分。於是，他提出了可以利用水銀柱高度來測量大氣壓的理論，並與衛維恩尼合作，在1644年製成了世界上第一具水銀氣壓計。

人類離不開空氣，但是對於空氣的瞭解卻不多。在地球周圍，包圍著一層厚厚的空氣，這就是大氣層。

空氣就像水一樣，可以自由地流動，這是空氣分子的運動。空氣分子運動與地球重力場兩者之間，互相作用影響產生壓強，叫做大氣壓。空氣分子密度越大，氣壓也越大。反之，氣壓越低。

在實際科研和生活中，單位面積上承受大氣壓的重量，常用毫巴或水銀柱高度的毫米數表示。一個標準大氣壓力是1013.2毫巴，相當於760毫米高的水銀柱。因離地越高，氣壓越低，故可根據氣壓在垂直方向上的變化測算高度。

維薩里（西元1514年～1564年），荷蘭著名的醫生和解剖學家，近代人體解剖學的創始人，與哥白尼齊名，是科學革命的兩大代表人物之一。《人體機構》一書是解剖學建立的重要標誌。

不被親生父親承認的女兒

氧在地球上分佈極廣，大氣中的氧佔23％，海洋和江河湖泊中到處都是氧的化合物——水，氧在水中佔88.8％。

英國化學家約瑟夫・普利斯特列是一位自學成材的大師，他一生最大的貢獻，便是發現了氧氣的存在，儘管他終生也沒有承認這一氣體。

幼年時，普利斯特列有一次去他叔叔工作的啤酒廠參觀。在那裡，一切都讓他好奇極了，而他最喜歡的，就是那神奇的發酵廠房了。普利斯特列興奮極了，他左看看，右看看，一刻也停不下來，最後乾脆爬上高高的梯子，俯身去看那大桶裡盛滿的啤酒汁。

這時，他的叔叔驚叫起來：「快下來，別對著啤酒汁呼吸，不然你會暈倒的。」普利斯特列趕忙爬下來，好奇地問叔叔說：「這是怎麼回事啊？」可是叔叔並沒有回答他，只拿來一根細木條，打算示範給他看。叔叔點燃了細木條，然後把它舉到啤酒桶上，只見木條迅速地熄滅了。

「啊，原來啤酒桶中有另外一種空氣啊！它可以讓木條熄滅。」普利斯特列叫道：「叔叔，讓我也試試吧！」他重複了剛剛叔叔的動作，木條果然又熄滅了，木桶上漂浮起淡藍色的煙。普利斯特列輕輕地用手推了推，這些煙便慢慢地落了下去。

「看來這種空氣比平常的空氣重呢！」普利斯特列富有興致地說著。那時的他，還不知道自己發現了一種重要的氣體——二氧化碳。只是，這件事從此牢牢地刻在他的腦海裡，也讓他下定決心，一定要弄清楚空氣到底是怎麼回事。

在普利斯特列生活的年代，人們都認為物體的燃燒是因為存在著一種叫「燃素」的東西，普利斯特列也毫不懷疑這一點，於是他決定將這個「燃素」從空氣中提煉出來。他想起啤酒廠發生的事，於是推測：空氣中存在著好幾種氣體，一種是可以讓一切生物呼吸的純潔空氣，另一種是比純潔空氣還重的空氣。在這種重空氣中，生物就會死去。

於是，普利斯特列將一支蠟燭和一隻小老鼠放進同一個密封的玻璃容器裡，沒有多久，蠟燭熄滅，老鼠也跟著死了。普利斯特列想，一定有什麼東西燃燒以後污染了空氣，才會讓老鼠死亡的。於是，他決定用水來清潔空氣，可惜還是失敗了，小老鼠只是稍微多活了一會兒。他又改用植物來進行試驗，這次，花沒有枯萎，他驚喜地發現，植物可以施放出一種「活命空氣」維持動物的呼吸。

沒有多久，普利斯特列就在提煉燃素的試驗中，透過對水銀灰的燃燒，成功的提煉了這種氣體——氧。他欣喜地發現，在這種氣體中，人和動物都可以非常暢快地呼吸。

可惜的是，「燃素說」的想法太過根深蒂固，普利斯特列並不知道這是他一直渴望得到的「活命空氣」，而認定這便是燃素。後來，法國化學家拉瓦錫看到他的試驗，敏銳地感到這不是「燃素」，而是一種新氣體，他在這個發現的基礎上，創立了氧氣燃燒理論，開創了化學發展的新紀元。

因此，法國著名科學家喬治·居維葉曾惋惜地說：「普利斯特列是現代化

學之父，但是，他卻始終不肯承認自己的親生女兒。」

氧是空氣的重要組成元素之一，也是大自然中動植物生存的基本條件之一。它是一種無色、無臭、無味的氣體，其熔點為218.4℃，沸點為182.962℃，氣體密度1.429克／公分。

氧是化學性質活潑的元素，除了惰性氣體，鹵素中的氯、溴、碘以及一些不活潑的金屬（如金、鉑）之外，絕大多數非金屬和金屬都能直接與氧化合，但氧可以透過間接的方法與惰性氣體氙生成氧化物。

氧是人體進行新陳代謝的關鍵物質，是人體生命活動的第一需要。植物透過空氣中的二氧化碳以及陽光和水合成營養物質，同時釋放出氧氣，而人類和其他動物則從空氣中呼吸進氧氣，保證正常的生理循環。

約瑟夫森（西元1940年出生），英國物理學家，計算了超導結的隧道效應並得出結論。由於預言隧道超導電流而獲得1973年度諾貝爾物理學獎。

從蒼天處取得閃電

電是一種自然現象，是電子和質子這樣的亞原子粒子之間產生排斥和吸引力的一種屬性。

富蘭克林是位卓越的科學家，他為了研究電學，曾經付出過很多努力，發生了一連串感人至深的故事。

1746年，一位英國學者在波士頓利用玻璃管和萊頓瓶表演了電學實驗，這引起富蘭克林極大的興趣，他被電學這一剛剛興起的科學強烈地吸引住了。隨後，他開始了自己一系列的電學試驗。

有一次，富蘭克林的妻子麗德在幫助他做實驗時，不小心碰到了萊頓瓶，頓時一團電火閃過，擊中麗德，將其擊倒在地。麗德臉色慘白，受到重創，足足在家躺了一個星期才恢復健康。這次意外事件不但沒有嚇倒富蘭克林，反而使他想了很多，思維敏捷的他想到了空中的雷電，他認為雷電也是一種放電現象，和在實驗室產生的電在本質上是一樣的。

於是，富蘭克林寫了一篇名叫《論閃電和電氣相同》的論文，送到英國皇家學會，希望引起大家的關注。可是在當時，人們普遍認為，雷電是上帝創造的，不是平凡之物，不可能與人間的電相同。所以，他們不理會富蘭克林的設想，反而嘲笑他是狂人。

為了證實自己的設想，富蘭克林決心用試驗來證明。他製作了一個裝有金屬桿的風箏，決定用它來「捕捉」雷電。時機來到了，1752年6月的一天，烏雲密佈，電閃雷鳴，一場暴風雨就要降臨。富蘭克林看到這種情景，連忙和他的

兒子威廉一道，帶著風箏和萊頓瓶出門了。他們來到一個空曠地帶，富蘭克林高舉起風箏，讓兒子拉著風箏線飛跑。

此時，風很大，立即將風箏送上高空。剎那間，雷電交加，大雨傾盆而至。富蘭克林和他的兒子冒著暴雨一起拉著風箏線，他們焦急地期待著，期待著雷電擊中風箏。不多時，只見一道閃電從風箏上掠過，富蘭克林急忙用手靠近風箏上的鐵絲，頓時一種恐怖的麻木感傳遍全身，他被擊中了。富蘭克林無法抑制內心地激動，在狂風暴雨中大聲呼叫：「威廉，我被電擊了！我被電擊了！」威廉看著父親興奮的神情，也高興地喊叫著：「我們成功了，我們成功了！」

父子倆不顧風大雨急，又將風箏線上的電引入帶來的萊頓瓶中，這才趕回家中。後來，富蘭克林用「捉」回來的雷電進行了各種電學實驗，證明了天上的雷電與人工摩擦產生的電具有完全相同的性質。他終於為自己的假設提供了可靠的證據。

隨後，各國電學家對雷電進行了各式各樣的試驗，有一次，電學家利赫曼為了驗證富蘭克林的實驗，不幸被雷電擊斃，這次意外使很多人產生畏懼心理，不敢接近電。面對危險，富蘭克林再一次表現出將科學進行到底的決心和勇氣，他沒有退縮，經過多次試驗，製成了一根實用的避雷針，這是世界上第一根避雷針。它是一根長達幾公尺的鐵桿，外面包裹著絕緣材料。富蘭克林將它固定在屋頂，在桿的底部緊拴一根粗導線，一直通到地面。這樣，當雷電襲擊房子的時候，電就沿著金屬桿透過導線直達大地，而不會損傷房屋建築。

避雷針開始應用後，很快遭到了宗教人士的強烈反對，他們認為：使用避雷針是違反天意的行為，肯定會導致旱災。於是，大教堂的神職人員偷偷拆除

了避雷針。然而，科學終將戰勝愚昧，不久，一場挾有雷電的狂風暴雨證實了一切，那次雷電過後，大教堂著火了，而其他裝有避雷針的高層房屋全部平安無事。事實教育了人們，使人們相信了科學。很快地，避雷針傳到英國、德國、法國，最後普及到世界各地，經過科學家們不斷地試驗改進，越來越實用、先進。

電是一種自然現象。在自然界中，所有物質都是分子組成的，而分子又是由原子組成。每個原子由帶正電的原子核和帶負電的電子構成。電子分層圍繞原子核做高速旋轉。由於原子核所帶的正電荷和電子所帶的負電荷在數量上相等，所以物體就不顯示帶電現象。但是，由於某種外力的作用，使離原子核較遠的外層電子擺脫原子核的束縛，從一個物體跑到另一個物體，這樣就使物體帶電。所以，電是電子和質子之間產生排斥和吸引力的一種屬性。關於電的發現具有相當漫長的歷史。西元前600年左右，希臘的哲學家泰利斯就知道琥珀的摩擦會吸引絨毛或木屑，這種現象稱為靜電。18世紀時西方開始探索電的種種現象。透過無數科學家的努力，人們逐漸認識到空中的閃電與地面上的電是同一回事。

富蘭克林（西元1706年～1790年），18世紀美國的實業家、科學家、社會活動家、思想家和外交家，他首先提出了電的轉移理論。最先提出了避雷針的構想，因而製造出了避雷針。

光的顏色

光就其本質而言是一種電磁波,人類肉眼所能看到的可見光只是整個電磁波譜的一部分。

偉大的科學家牛頓不僅發現了萬有引力定律,奠定了力學基礎,還在科學的其他領域有著重大貢獻。其中,他透過研究光,發現了顏色的秘密,這是非常著名的科學成就。

牛頓小時候很貪玩,有一天,他做了一盞燈籠掛在風箏尾巴上。

當夜幕降臨時,他將風箏放上夜空,點燃的燈籠也藉著風箏上升的力量升入空中。發光的燈籠在空中流動,人們大為驚訝,以為是出現了彗星。從此,牛頓對光特別感興趣。

後來,牛頓透過刻苦學習,取得了很大的成就,但他對光始終懷著好奇的心理,非常希望能夠弄清楚光到底是怎麼回事。有一次,他在用自製望遠鏡觀察天體時,無論怎樣調整鏡片,焦點總是不清楚。牛頓仔細思索,認為這可能與光線的折射有關。於是,他就動手試驗起來。

他在進行試驗的暗室裡的窗戶上留下一個小圓孔,好讓光線通過。然後,他在室內窗孔後放一個三稜鏡,在三稜鏡後掛一張白屏。這樣,從圓孔進來的光線通過三稜鏡時,應該會產生折光現象。

　　觀察到的結果讓牛頓大為意外。他驚異地看到，白屏上所接受的折光呈橢圓形，兩端呈現紅、橙、黃、綠、藍、靛、紫七種顏色。這個奇異的現象讓牛頓陷入深思之中。他由此聯想到自然界雨後天晴出現的彩虹，不也是七種顏色嗎？這到底是怎麼回事？

　　牛頓經過深入地思考和研究，終於找到了問題的答案：原來，陽光是由紅、橙、黃、綠、藍、靛、紫七色光線匯合而成。

　　雨過天晴時，天空中的雨滴使陽光產生折射、反射，便形成五彩繽紛的彩虹。他還進一步指出，世界萬物所以有顏色，並非其自身有顏色，太陽普照萬物，各物體只吸收它所接受的顏色，而將它所不能接受的顏色反射出來。這反射出來的顏色就是人們見到的各種物體的顏色。

　　從此，牛頓便把這條彩色的色帶稱為「spectrum」，這個拉丁語詞意即「幻象」或「幽靈」，中文翻譯為「光譜」。

　　光譜的發現，對於物理學的發展，產生了重要的意義。

　　光有自然光與人造光之分。光由能量的作用而產生，自然能量產生的光，稱自然光；人造能量產生的光，稱人造光。不管哪種光，就其本質而言，都是一種電磁波，覆蓋著電磁波譜一個相當寬的範圍，只是波長比普通無線電波更短。人類肉眼所能看到的可見光只是整個電磁波譜的一部分。

光不僅是一種電磁波，也可以把它看成是一個粒子，即光量子，簡稱光子，光由許多光子組成。根據光子之間的組合形式，又可分為普通光和鐳射。

普通光，指的是普通的太陽光、燈光、燭光等，這些光的光子與光子之間毫無關聯，它們的波長、相位、偏振方向、傳播方向都不一致。

雷射的情況與之相反，在雷射光束中，所有光子都是相互關聯的，它們的波長、相位、偏振方向、傳播方向都是一致的。

邁爾（西元1904年～1970年），德國生物學家，被稱作「20世紀達爾文」的世界最著名進化生物學家。把物種定義為一群相互能夠繁殖後代的個體，而它們與這個群體以外的個體不能繁殖後代。

從太陽裡獲得金子

太陽大部分是由氣體組成的。從內向外，太陽可分為核反應區、輻射區和對流區、太陽大氣幾部分。太陽的年齡約為46億年。

在上文中我們提到了光譜，牛頓發現光譜之後，科學家們又發現，將特定的物質加熱到白熱的程度後，它們就只發出某種特定顏色的光。如果讓它們所輻射的光通過一條狹縫，那麼每一種顏色都會形成一個清晰的狹縫像，並落於光譜中某個特定的位置上，其他地方則是黑的。

1814年，德國光學家夫朗和斐進一步觀察到，透過某種冷氣體的太陽光被吸收掉某些顏色，於是在彩色的背景上出現了一些暗線。太陽的久層非常冷，所以足夠造成這種現象，因此太陽光譜中實際上陳列著許許多多暗的光譜線，後來這種線也就被稱為「夫朗和斐譜線」。

19世紀的德國物理學家基爾霍夫，就致力於研究這個「夫朗和斐譜線」。他曾經做了用燈焰燒灼食鹽的實驗，在實驗中，他得出了關於熱輻射的定律，也就是基爾霍夫定律：任何物體的發射本領和吸收本領的比值與物體特性無關，是波長和溫度的普適函數。因此他得到一個結論，太陽光譜的暗線是太陽大氣中元素吸收的結果。他的結論給太陽和恆星成分分析提供了重要的方法。

之後，透過詳細的分析，他也從太陽光譜上看到了黑線，證明了太陽上存在著金子。有一次，他受邀舉行講座，專門講述這個偉大的發現。

當基爾霍夫講述到太陽上存在金子時，只聽見一位銀行家譏笑起來，以滿不在乎的口吻說：「先生，你雖然發現了金子，卻不能得到它，這樣的金子有

什麼用處？」他的話引起哄堂大笑。基爾霍夫什麼也沒說，堅持講完講座。不久，基爾霍夫因光譜分析方面的發現榮獲了金質獎章，他拿著獎章找到那位銀行家，平靜地對他說：「你瞧，我終於從太陽上得到了金子。」

太陽是宇宙中非常普通的一顆恆星，它的亮度、大小和物質密度在所有恆星中處於中等水準，因為它離地球最近，所以看起來它是天空中最大、最亮的天體。而太陽大部分是由氣體組成的。從內向外，分為核反應區、輻射區和對流區、太陽大氣幾部分。太陽的大氣層像地球的大氣層，按照不同的高度和性質可分成幾層，分別為光球、色球和日冕三層。我們平常看到的太陽表面，就是太陽大氣的最底層，溫度約是攝氏6000度。

太陽已經生存了46億年，估計還可以繼續燃燒50億年。在它存在的最後階段，太陽中的氦將轉變成重元素，太陽的體積也將開始不斷膨脹，直到將地球吞沒。在經過一億年的紅巨星階段後，太陽將會坍縮成一顆白矮星，再經歷幾萬億年，它將最終完全冷卻，然後慢慢地消失在黑暗裡。

庫侖（西元1736年～1806年），法國工程師、物理學家。用扭秤測量靜電力和磁力，導出著名的庫侖定律。庫侖定律使電磁學的研究從定性進入定量階段，是電磁學史上一個重要的里程碑。

天國裡的月球

月球是地球唯一的天然衛星，是距離我們最近的天體，它與地球的平均距離約為384,401公里。

英國天文學家約翰・傑爾舍利一生沉迷於天文學研究，曾經做出過許多傑出的貢獻。就算是臨終前，他依然不忘自己研究的學科，為不能解開天文學領域的諸多謎團深感遺憾。有關於此，還有一段膾炙人口的故事。

當時，約翰・傑爾舍利病情危重，已經沒有好轉的希望了。家人為他請來神父做最後的禱告，希望他可以得升天國。神父坐在他的床邊，按照慣例為他祈禱，並向他講述天國之樂，主要是在告訴他死亡是上帝的旨意，是通往極樂世界的開端，並不可怕。神父喃喃不休地講述著，似乎真的有天國存在似的，在他的禱告下，約翰・傑爾舍利真的能夠進入天國，享受極樂。

可是，約翰・傑爾舍利為天文學奮鬥一生，自然瞭解宇宙的情況，哪裡相信天國之說。因此，約翰・傑爾舍利聽了一會兒，實在無法忍受下去了，他虛弱地抬起頭，打斷神父的話，說道：「對我來說，人生最大的賞心樂事，莫過於能看到月球的背面。」神父聽罷，失色無語。對約翰・傑爾舍利來說，死亡是他探索月球的開端。而他沒有想到的是，看到月球的背面很快就從夢想變成了事實，人們很快就依靠自己的力量登上了月球。

20世紀上半葉，火箭技術突飛猛進，人們開始把目光投向遙遠太空中那恆久仰視的星體。1959年10月，蘇聯率先完成了衛星的繞月飛行，隨後，美蘇兩國開始了探月競爭。它們各自發射了「月球」、「徘徊者」、「探測者」系列探測器。從20世紀50年代末到70年代初，兩國共發射了43枚探測器，獲得了大量

的珍貴資料。

1969年7月，一聲巨大的爆炸聲驚醒了佛羅里達州寧靜的清晨，在這裡，美國發射了「阿波羅11號」飛船，人類的第一次登月旅行正式開始了。四天之後，太空人阿姆斯壯和奧德林第一次踏上月球表面這個被稱為靜海的荒原。這是人類首次登陸月球，揭開了人類歷史上劃時代的一幕。從此，人類探索太空的步伐再也沒有停歇過，揭開太空的秘密已是指日可待。

月球俗稱月亮，也稱太陰，是地球唯一的天然衛星，也是距離我們最近的天體，它與地球的平均距離約為384,401公里。

月球大約在46億年前形成，由月殼、月幔、月核幾個層次結構組成。月殼在最外層，平均厚度約為6～65公里。月殼下面是月幔，大約有1000公里深度，佔了月球的大部分體積。再來就是月核，溫度約為1000度，處於熔融狀態。月球直徑約3476公里，是地球的3/11。體積只有地球的1/49，重量約7350兆噸，相當於地球重量的1/81，月面的重力差不多相當於地球重力的1/6。

科學研究發現，自月球形成早期，便受到一個力矩影響，引致自轉速度減慢，這個過程被稱為潮汐鎖定。結果，月球以每年約38毫米的速度遠離地球，受其影響，地球的自轉也越來越慢，一天的長度每年變長15微秒。可見，月球對地球也有引力作用，這種引力作用在地球上的表現之一，就是潮汐現象。

德貝賴納（西元1780年～1849年），德國化學家。有兩個重大的貢獻，第一個是發現鉑的催化作用，並利用這個原理發明了德貝賴納燈。第二個是化學元素三組定律。

美國頭頂上的
達摩克里斯之劍

人類將一種人工製造的衛星發射到預定的軌道，使其環繞地球或其他行星運轉，這類衛星就是人造衛星。

不論人們對冷戰如何評價，但有一點不可否認的是，美蘇兩國之間的競爭對於現代科技的發展，有著不容置疑的推動作用。

冷戰期間，美蘇在較勁軍事實力上都不遺餘力，競爭十分激烈。當時，蘇聯正在研製一種可以攜帶一枚氫彈打擊美國的導彈，即R-7型彈道導彈。

1956年2月27日，赫魯雪夫來到謝爾蓋·科羅廖夫的辦公室，他原本只是來瞭解蘇聯第一枚洲際彈道導彈——R-7的情況的。可是，身為蘇聯空間專案之父的科羅廖夫，畢生所追求的，並非是武器上的尖端，而是對太空奧秘的探索。他真正投注心血的，是對於太空的不懈探索。R-7並不是他的目標，人造衛星才是。

就在赫魯雪夫要離去的時候，科羅廖夫突然請他稍等片刻。科羅廖夫向赫魯雪夫展示了一樣東西，他說：「我們可以將R-7發射入太空，讓它像一個小月亮一樣轉動。」

赫魯雪夫沉默不語，科羅廖夫趕緊補上一句：「這東西可以飛到月球，最終還能把我們送上太空。」見赫魯雪夫依然沒有多大的興趣，他又說道：「美國已經準備1958年發射衛星了，要是我們再不積極，又要落到美國後面了。這

東西只需要多花一點點錢，卻可以為我們贏得第一的名聲。」說完，他靜靜地盯著赫魯雪夫，等待著他的回應。

對於當時的赫魯雪夫來說，勝過美國絕對是一件至關緊要的事。問清楚不會影響到洲際導彈的發射之後，赫魯雪夫爽快地同意了這一計畫。也許當時的他，並未意識到這是件多麼偉大的事。

獲得許可的科羅廖夫很快地帶領著工作人員投入緊張的工作，他們日夜研究，從不敢有一絲的懈怠，對衛星的感情甚至讓他們親切地稱呼發射火箭為「情人」。

終於，第一顆衛星「斯普特尼克」1號設計成功了，當他們決定10月6日發射時，卻得到一個消息：美國要在10月5日發射衛星。於是，蘇聯人立即決定將發射計畫提前進行，1957年10月4日，「斯普特尼克」1號人造衛星發射進入太空，人類的第一枚衛星升上了天空。

第一顆人造衛星帶來的效應是轟動性的。1957年初，當蘇聯宣佈試驗成功世界上第一枚洲際彈道導彈時，西方社會還僅僅把這當作是吹噓的謊言。

可是當人造衛星升空的時候，當時的美國總統艾森豪很快便不安地發現，他們的老對手蘇聯，已經在他們的頭頂高高放置了一柄達摩克里斯之劍。

「蘇聯人現在可以製造能夠打到世界任何既定目標的彈道導彈了。」這可怕的事實，也使美國徹底改變了1957年之前的冷戰策略。

也許，這也是科技改變歷史的一個佐證。

在宇宙中，有許多圍繞行星軌道上運行的天體，人們把它們叫做衛星。比如在地球軌道上運行的月球，就是地球的衛星。隨著科技發展，人類將一種人工製造的衛星發射到預定的軌道，使其環繞地球或其他行星運轉，這類衛星就是人造衛星。人造衛星圍繞哪顆行星運轉，就叫哪顆行星的人造衛星。

根據牛頓萬有引力定理，我們得知，如果空氣中沒有阻力，當速度足夠大時，拋出去的物體就永遠不會落到地面上，它將圍繞地球旋轉，這就是人造衛星圍繞地球運轉的機理。

阿那克西曼德（西元前610年～西元前546年），古希臘哲學家，繪製世界上第一張全球地圖的人。他瞭解到天體環繞北極星運轉，所以他將天空繪成一完整球體，從此，球體的概念首次進入天文學領域。

達爾文探索的生物鏈

生物鏈指的是：由動物、植物和微生物互相提供食物而形成的相互依存的鏈條關係。

1809年2月12日，查理斯‧達爾文出生於一個富裕的醫生家庭，青少年時代的他在眾人眼中是個遊手好閒的紈袴子弟，只知道打獵、玩狗、抓老鼠、收集礦石和昆蟲標本，並沒有什麼特殊之處。他先是被父親送去學醫，卻因為天生害怕血腥而半途而廢。後來，他又進入劍橋學習神學，打算當個牧師了此餘生。這些學習經歷給他帶來的最大好處，是讓他結識了一批優秀的博物學家，並獲得了良好的科學訓練。

真正改變他命運的時刻是1813年，植物學家亨斯樓推薦他參加貝格爾號的環球航行。他跟隨著貝格爾號歷經大西洋、南美洲和太平洋，收集到許多有關地質、植物和動物的第一手資料。

從貝格爾號上再次踏上英格蘭的時候，他已經不再是那個言必稱《聖經》的神學畢業生、正統的基督教徒，而開始對「一切生物都是由上帝創造」產生了質疑。從此，他開始了生物學上的認真鑽研。

1843年前後，達爾文為了研究三葉草是如何繁殖後代的，住在離倫敦城郊10多公里的一個名叫唐恩的小鎮裡。他每天都走到田野間，去觀察、分析和研究那裡的三葉草。經過細心觀察，他看到三葉草上飛舞著許多土蜂，這些土蜂

吸食花蜜，在花蕊間飛來飛去，發揮傳播花粉的作用。

於是達爾文明白了，是土蜂幫助三葉草授粉和繁殖後代的。

夏天來到了，三葉草結籽甚豐。看來，土蜂功勞不小。

為了更確切地研究這件事，第二年，達爾文又到田裡去觀察。今年的情況與去年不同，在三葉草上飛舞的土蜂明顯減少了！到了三葉草收穫季節，放眼望去，三葉草結籽甚少，與去年無法相比。這是怎麼回事呢？達爾文好奇地觀察著、思索著。

達爾文想到土蜂的減少。他明白了，肯定是土蜂少了，減少了授粉的機會，才會造成這種結果。可是，土蜂為什麼無緣無故減少呢？達爾文開始追蹤此事，經過仔細觀察、追索，他終於在岩石洞和樹洞裡的土蜂窩中找到了原因。

原來，今年突然出現不少老鼠，許多土蜂窩都被老鼠吃光了蜜，並且被破壞了。正是因為老鼠傷害了土蜂，造成了土蜂數量的減少，最終導致三葉草的減產。也就是說，老鼠的多少決定了土蜂繁殖的數量：老鼠多了，牠破壞的土蜂窩多了，土蜂就少了。

這個發現讓達爾文十分興奮，他不停地追尋下去，發現老鼠也有多有少的時候，而老鼠的多少則與貓有關。貓多了，老鼠就少了，相反，貓少了，老鼠就多了。看來，三葉草能否豐收，竟然取決於與它看起來毫無關係的貓。這真是一個複雜而有趣的關係。

經過進一步深入的觀察和研究，達爾文發現了生物之間相互制約、相互依

存的關係。經過二十多年的認真研究，他終於在1859年寫出了《物種起源》這部偉大著作，提出了生物鏈之說，成為19世紀世界最傑出的科學家和生物進化論的奠基人。

在自然界，動物、植物和微生物之間存在著一種複雜的關係，它們互相提供食物，彼此依存，形成鏈條關係，這就叫做生物鏈。

生物鏈斷裂會帶來非常嚴重的生物學後果。在上世紀末，世界許多地區出現了農作物和果樹大量減產的情況，科學家們經過追查，發現這是因為蜜蜂突然大量死亡造成的。蜜蜂大量死亡，影響植物授粉，勢必造成植物減產現象。而蜜蜂的死亡，除了氣候變化的因素外，手機電波才是罪魁禍首。電波干擾了蜜蜂的定位系統，造成蜜蜂返巢路線的迷失，才導致了蜜蜂的大量死亡。

所以，近年來，許多專家不斷呼籲，大自然的生態，猶如一條條生物鏈，環環相扣，只要其中一個鏈條斷裂，將會破壞自然界的生態平衡，造成無法預料的嚴重後果。

亞當斯（西元1819年～1892年），英國天文學家，海王星的發現者之一。曾獲得英國皇家天文學會的金質獎章。

夢中的環蛇

苯在常溫下為無色、帶特殊芳香味的液體，難溶於水，1公升水中最多溶解1.7公克的苯，但能與醇、醚、丙酮和四氯化碳等有機溶劑互溶，是常用的有機溶劑。

凱庫勒是德國著名化學家，有一段時間他住在倫敦，期間，他熱衷於研究苯的分子結構問題。為此，他日以繼夜不停地工作，十分辛苦，但是卻毫無所獲。凱庫勒十分苦悶，這天，他走出家門，在街上閒逛，看見一輛馬車，於是喊住車夫，上了馬車。

馬車夫回頭問：「先生，去哪兒？」

凱庫勒一心想著苯的分子結構，也不知道接下來要去哪裡，隨口說：「隨便。」

「隨便？」馬車夫喃喃道，「什麼地方叫隨便？」他有心再追問，可是看到凱庫勒滿臉陰霾的樣子，唯恐惹是生非，就拉著馬車漫無目的地在街上閒逛，這可真成「隨便」了。

凱庫勒坐在馬車上，心事重重，眉頭緊鎖，根本無心觀賞街旁景色。

不一會兒，搖搖晃晃的馬車像搖籃一樣，使他閉上眼睛，又過了一會兒，他陷入沉沉睡夢之中。他太累了，多少天來，日思夜想，沒有片刻休息，他太需要歇息一下了。

睡著睡著，凱庫勒突然看見眼前有東西在跳動，它是一個分子結構式，變成了一條蛇。這條蛇跳著舞，頭部靠近尾部，逐漸形成一個環狀。真是太神奇

了，凱庫勒不由得一驚，醒了過來。他揉揉眼睛，想起剛才的事情，原來是一場夢！他立即想到，夢中首尾相接的蛇不正是自己苦苦追尋的苯的分子結構嗎？

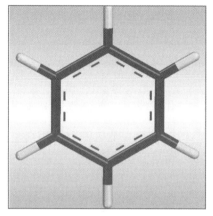

正在這時，馬車夫看到凱庫勒醒了，就大聲喊道：「先生，前面到克來賓路了。」

這裡正是凱庫勒的住所，他立即跳下馬車，飛快地跑回去，在夢的啟發下，畫出了首尾相接的環式分子結構。解決了有機化學上的一道難題。

這一重大發現被公佈以後，很多人都很好奇，究竟凱庫勒是怎麼想出來的呢？後來，在慶祝德國化學會成立25週年的大會上，凱庫勒公佈了他這一發現的由來。這下可有趣了，從此以後，在德國的街頭多了很多雇馬車的人，更奇怪的是，每當馬車夫問他們去哪裡的時候，這些人的回答也都是一樣的：「隨便。」

隨便？馬車夫們莫名其妙，可是到手的生意當然不能不接，於是，德國街頭多了許多悠哉悠哉的馬車，漫無目的地滿街遊走。更好玩的是，如果你往車裡看的話，那些人都在車裡閉著眼睛，努力地睡覺呢！

相信聰明的讀者已經知道了，他們正是聽說了凱庫勒發現苯的故事，在此依樣畫葫蘆呢！可惜他們不知道的是，凱庫勒夢中偶然的發現，真正的功臣應該是之前他所度過的、忙於思索的無數個不眠之夜。

凱庫勒發現的苯環是最簡單的芳環，由六個碳原子構成一個六元環，每個

碳原子接一個基團，苯的6個基團都是氫原子。苯在常溫下為無色、帶特殊芳香味的液體，難溶於水，1公升水中最多溶解1.7公克的苯，但能與醇、醚、丙酮和四氯化碳等有機溶劑互溶，是常用的有機溶劑。

在工業上，苯由焦煤氣（煤氣）和煤焦油的輕油部分提煉和分餾而得。主要用於染料工業、農藥生產、香料製作，還可做為溶劑和黏合劑用於造漆、噴漆、製藥、製鞋及苯加工業、家具製造業等。

苯雖然用途很廣，但危險性也很大。它具有易揮發、易燃的特點，其蒸氣有爆炸性；另外，長期吸入或者接觸苯，會影響人的身體健康，造成皮膚濕疹、呼吸感染、白血病，妊娠期婦女長期吸入則會導致胎兒發育畸形和流產。因此，專家們也把苯稱為「芳香殺手」。

目前，國際衛生組織已經把苯訂為強烈致癌物質。

西爾維斯特（西元1814年～1897年），英國數學家。發展了行列式理論，創立了代數型的理論，奠定了關於代數不變數的理論基礎，在整數分拆和丟番圖分析方面做出了突出的貢獻。

小狗的條件反射

條件反射是指，兩樣本來沒有任何關聯的東西，因為長期一起出現，以後，當其中一樣東西出現的時候，便無可避免地聯想到另外一樣東西，是有機體因信號的刺激而發生的反應。

位於俄國中部有個小城，名字叫梁贊城，在這個城裡，家家戶戶喜歡養狗。有一戶人家也養了一隻狗，這家的主人很細心，他擔心狗亂跑，於是用一根很粗的鎖鍊把牠鎖了起來，不准牠到處跑。狗雖然不能亂跑，卻開始不停地狂吠，一天到晚，總是齜牙咧嘴，一副凶相。

因此，大家都怕這隻狗，特別是孩子們，見到牠總是躲得遠遠的，生怕受到傷害。一天，一群孩子走過這戶人家，那隻狗拼命地對著他們狂吠，孩子們遠遠地躲了起來，誰也不敢接近牠。

就在這時，一個大腦袋、身材瘦弱的男孩子突然站出來，不慌不忙地朝狗走去，他離那隻狗越來越近了，同伴們一齊吃驚地喊著：

「停下來！不要靠近狗！這狗會咬人！」

可是那個孩子並不在意，他回頭對同伴們說：「不要緊，我打開鎖鍊，狗就不會再叫了，大家也不用害怕了。」

孩子們一聽，叫得更慌亂了：「別打開！別打開！」他們邊叫邊四處逃散，誰也不敢停在狗的面前。

那個男孩子似乎沒有看到同伴們慌亂的樣子，他走過去，輕輕解開鎖鍊。

令大夥想不到的是，那隻狗果然不再狂叫，反而溫順地搖著尾巴，依偎在孩子腳邊，任憑他撫摸。從此以後，那隻狗再也沒有被鎖上，也不再兇惡地狂吠亂吼了。

為狗解開鎖鍊的孩子後來成為偉大的科學家，他的名字就叫巴甫洛夫，他提出了著名的條件反射理論，發表後成就卓越。

巴甫洛夫的理論受到很多人的關注和議論，有一次，他為大學生上課時，學生們向他提問什麼是條件反射。

巴甫洛夫略一思索，為他們說了自己小時候為狗解開鎖鍊的事，並且問他們：「狗不叫了，你們知道這是什麼原因嗎？」

學生們搖搖頭，瞪著眼睛，不解地等待巴甫洛夫的解答。

巴甫洛夫微笑著說：「當時我也不知道原因，後來透過研究才發現，給狗套上鎖鍊，對狗來說是一種刺激，也就是一種條件。這種條件引起了牠保護自己的反射，因此這隻狗變得異常凶惡。而一旦打開鎖鍊，消除了這種條件，便不再引起牠保護自己的反射，因此牠變得溫順起來了。」

同學們聽了，一個個露出恍然大悟的神色，低聲議論著：「原來條件反射這麼簡單！」

「沒想到巴甫洛夫教授小時候這麼勇敢。」

「要不是那隻小狗，不知道巴甫洛夫先生會不會發現條件反射？」

看著學生們興致盎然的樣子，巴甫洛夫會心地微笑著，他也許在想，條件反射理論肯定會在他們的努力下取得更深入的進展。

從巴甫洛夫講述的給小狗解開鎖鍊的故事中，我們可以瞭解到條件反射的一些基本知識。條件反射是指，兩樣本來沒有任何關聯的東西（鎖鍊和吠叫），因為長期一起出現，以後，當其中一樣東西（鎖鍊）出現的時候，便無可避免地聯想到另外一樣東西（吠叫），這是有機生命體在信號的刺激下，所發生的必然反應。

任何生物體在生活過程中，對於外界環境都會產生一定的反射能力。這種反射能力有的是先天具備的，不需要一定的條件。但是，有的反射能力必須透過一定的條件（刺激），在非條件反射的基礎上才能建立起來。

阿累尼烏斯（西元1859年～1927年），瑞典人，近代化學史上著名的化學家，同時又是一位物理學家和天文學家。電離學說的創立者。

小果蠅中的大奧秘

染色體是遺傳物質的載體，是去氧核糖核酸（DNA）以及核蛋白在細胞分裂時的呈現形式。

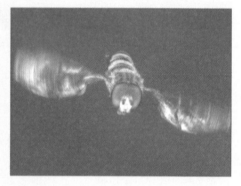

20世紀初，生物學家們在前人的基礎上，開始研究染色體和遺傳因子之間存在關係的問題。摩爾根就是其中一位傑出的科學家。他經過深思熟慮，放棄了前人用來做試驗的各種材料，而是獨具特色地選擇了一種新材料，這是一種小昆蟲，名字叫果蠅。

果蠅比一般的蒼蠅要小很多，牠有一對翅膀，夏天常常喜歡圍繞著腐爛的水果飛行，因此獲得了這個名字。

以前，科學家們大多選擇植物來研究染色體問題，比如已有重大成果的孟德爾選擇的就是豌豆。現在，摩爾根選擇了果蠅，與豌豆存在著很大差別。比如，果蠅有雌雄之別，而豌豆是雌雄同體的植物；果蠅有幾十個容易觀察的特徵，如個體的大小、觸鬚的形狀、眼睛的顏色以及翅膀的長短等等，而豌豆在這些方面的特徵並不突出。這些都是牠比豌豆更適合做實驗材料的原因。

從此，摩爾根專注於果蠅的研究。他的實驗室裡培養了千千萬萬隻果蠅，都被裝在牛奶罐裡，因此，同事戲稱他的實驗室為「蠅室」。

經過一段時間的試驗，摩爾根發現了一隻奇特的雄蠅，牠的眼睛不像同胞

姊妹一樣是紅色的，而是白色的。對於這隻果蠅，摩爾根傾注了很大的心血，他知道這隻果蠅是個突變體，牠將是以後試驗的重點對象。

摩爾根小心謹慎地培養著這隻果蠅，以致於發生了一段趣事。當時，摩爾根夫婦正好添了第三個孩子，當他去醫院見他妻子時，他妻子的第一句話就是：「那隻白眼果蠅怎麼樣了？」

可見，摩爾根及其家人都十分珍愛這隻果蠅。

然而，白眼雄果蠅長得很虛弱。為了更好地將牠培養長大，摩爾根極為珍惜這隻果蠅，將牠裝在瓶子裡，睡覺時放在身旁，白天又帶回實驗室。經過精心養育，這隻白眼果蠅終於和一隻正常的紅眼雌蠅交配，留下了突變基因，繁衍成一個大家族。

摩爾根仔細觀察這個家族的每個成員，發現牠們全是紅眼的。摩爾根不由得吃了一驚，因為這個結果說明，紅對白來說，表現為顯性，正符合遺傳學前輩孟德爾的實驗結果。接著，摩爾根又讓白眼果蠅的子一代交配，結果發現了子二代中的紅、白果蠅的比例正好是3：1，也合乎孟德爾的研究結果。

摩爾根決心沿著這條線索追下去，看看動物到底是怎樣遺傳的。他進一步觀察，發現子二代的白眼果蠅全是雄性，這說明性狀（白）和性別（雄）的因子是連在一起的，而細胞分裂時，染色體先由一變二，可見能夠遺傳性狀、性別的基因就在染色體上，它透過細胞分裂一代代地傳下去。

「染色體就是基因的載體！」摩爾根太高興了。之後，他推算出了各種基因在染色體上的位置，並畫出基因所排列的位置圖。基因學說從此誕生了，男女性別之謎也終於被揭開了。

從此遺傳學結束了空想時代，重大發現接踵而至，並成為20世紀最為活躍的研究領域。為此，摩爾根榮獲了1933年諾貝爾生理學及醫學獎。

染色體是遺傳物質的載體，是去氧核糖核酸（DNA）以及核蛋白在細胞分裂時的呈現形式。正常人體每個細胞內有23對染色體，包括22對常染色體和一對性染色體。性染色體包括：X染色體和Y染色體。含有一對X染色體的受精卵發育成女性，而具有一條X染色體和一條Y染色體者則發育成男性。

染色體有一定的形態和結構。形態結構或數量上的異常可造成染色體病。現已發現的染色體病有100餘種，表現為流產、先天愚型、先天性多發性畸形，以及癌腫等。

染色體異常的發生率並不少見，在一般新生兒群體中就可達0.5%～0.7%，染色體異常發生的常見原因有電離輻射、化學物品接觸、微生物感染和遺傳等。

歐姆（西元1787年～1854年），德國物理學家。他發現，在同一電路中，導體中的電流跟導體兩端的電壓成正比，跟導體的電阻成反比，這就是歐姆定律。榮獲科普勒獎章。

腳氣病裡的維生素

維生素又名維他命，是維持人體生命活動必須的一類有機物質，也是保持人體健康的重要活性物質。

維生素的發現是20世紀的偉大發明之一。

說起維生素的發現，有一段有趣的故事。1896年，艾克曼在一個地方調查腳氣病時，發現了一個有趣的現象，這裡不僅人會罹患腳氣病，就連家裡養的雞也會罹患腳氣病。這讓艾克曼很感興趣，他決定用雞來做實驗，探索腳氣病的病理。

一開始，艾克曼用常見的方法，試圖尋找腳氣病的病菌。於是，他把病雞做了解剖，把牠們的腳和內臟放在顯微鏡下觀察，可是讓他失望的是，根本找不到腳氣病病菌！

接著，他又在雞飼料上下工夫，將雞的飼料進行嚴格消毒，還為牠們挑選環境良好的雞窩，企圖改善環境，減少疾病發生。然而，這樣做卻依然沒有任何改善，那些住進優良雞場的雞還是罹患了腳氣病，一批批死去。

艾克曼十分納悶，不知道究竟問題出在哪裡。這時，養雞場的飼養員突然病了，只好請來一位新飼養員來養雞。奇怪的是，自從新飼養員上任後，不到3個月的時間，雞場的情況大為改善。一群罹患腳氣病的病雞慢慢恢復了健康，而且，其他雞也不再生病了。

這可太神奇了，艾克曼簡直有些不敢相信眼前的事實，他苦苦思索著，卻無法明白，到底發生了什麼事使得病雞好轉。

就在這時，老飼養員病好了，回來上班。在他重新接過自己的工作後，更加奇怪的事情又發生了：不到3個月，雞場裡的雞又開始罹患腳氣病。

艾克曼看到這些變化，恍然大悟，事情一定和飼養員有關。

於是，艾克曼放棄原先的研究方法，將焦點放在飼養員身上。經過調查，他終於找到其中的原因。

原來，老飼養員的為人節儉，捨不得浪費食堂裡吃剩下的白米飯，總是用這些剩飯餵雞；可是新飼養員呢，他只不過是臨時替代別人工作，做得比較馬虎，不肯花費時間去收集那些剩飯，只是簡單地用米糠餵雞。

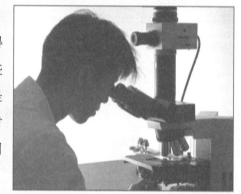

問題的癥結找到了，一定是兩種食料造成了不同的結果。為了驗證自己的假設，艾克曼做了一個試驗，他將一批健康的雞分成兩半，一半用白米飯餵養，一半用米糠餵養。不久他便發現，用白米飯餵養的雞罹患腳氣病；而用米糠餵養的，卻一直很健康。

艾克曼高興地得出結論：「毫無疑問，腳氣病一定和食物有關。」

之後，艾克曼繼續研究，發現可治腳氣病的物質能用水或酒精提煉，當時稱這種物質為「水溶性B」。1906年，證明食物中含有除了蛋白質、脂類、碳水

化合物、無機鹽和水以外的「輔助因素」，其量很小，但為動物生長所必須。

1911年，科學家豐克鑑定出在糙米中能對抗腳氣病的物質是胺類（一類含氮的化合物），因為它是維持生命所必須的，所以建議將之命名為「Vitamine」。Vital是生命的意思，而amine是胺的意思，合起來中文意思就是「生命胺」。後來，根據音譯，定名為維他命。

維他命又名維生素，是機體生命活動必須的一類有機物質，是保持機體健康的重要活性物質。

在生命體內，維生素形式多樣，種類很多，這些維生素化學結構和性質都不同，在體內的作用也不一樣。它們以維生素原有的形式存在於食物中，不會產生能量，只參與機體代謝的調節；人體對維生素的需要量很小，一旦缺乏，就會引發相對的缺乏症，對人體健康造成損害。

笛卡爾（西元1596年～1650年），法國偉大的哲學家、物理學家、數學家、生理學家。解析幾何的創始人，現代哲學之父。創立了一種以數學為基礎、以演繹法為核心的方法論。

手指溫度計的砷中毒

金屬砷因不溶解於水，是沒有毒性的，但是，砷化物，特別是三氧化二砷，卻是含有劇毒的。三氧化二砷，也就是砒霜。

羅伯特·威廉·本生1812年出生於德國的格丁根，他天生聰穎，19歲時就獲得了博士學位。之後，他周遊西歐3年，結識了許多志同道合的科學夥伴。

回國後，本生在哥丁根大學任教，開始試驗研究砷酸的金屬鹽的可溶性。他的發現導致了至今仍在使用的用氫氧化鐵做為砷中毒的解毒劑的辦法。

在無數次的試驗中，本生經歷了很大的磨難。

有一次在試驗中，一個試驗瓶爆裂了，一塊玻璃屑飛入他的一個眼珠，導致他一眼失明。但是這並沒有阻止他探索的腳步，他繼續不停地努力著。為了能夠找到解救砷中毒的解毒藥，他長時間地接觸、觀察、研究砷，結果，當他終於發現了氫氧化鐵可以解救砷中毒時，已經不幸身染劇毒。

眼見這個現狀，同事們非常擔心，勸說他停止工作，休養治療一段時間。可是本生毫不動搖，堅決地說：「不能休息，正好可以藉機體驗氫氧化鐵解毒的效果。」

由於砷中毒太嚴重了，有一天，本生在試驗中實在忍受不了，痛苦地躺了下去。這時，他讓同事們為他使用氫氧化鐵，這才慢慢解緩。

本生在科學領域還有很多貢獻，他使用硝酸成功地利用電解的方法獲得了純的金屬，如鉻、鎂、鋁、錳、鈉、鋇、鈣和鋰。他還與亨利·羅斯科合作研

究出使用氫和氯來製作鹽酸的問題等等。

在這些成就裡，包含著本生艱苦的工作和努力，這可以透過一個被傳為美談的手指溫度計的故事來說明。由於經常在實驗室裡工作，長期接觸酸、鹼和各種化學藥品，本生的雙手長滿了老繭。

在他完善的專門用於試驗的法拉第發明了汽燈後，人們將這種新汽燈稱作本生燈。當時，很多人向他請教關於本生燈的問題。

有一次，本生在為大家解釋本生酒精燈的結構和性能時，直接將手指放在酒精燈的火焰上，若無其事地對人們介紹說：「我手指放的這個地方，大約是華氏300度。」

原來，長期在實驗室裡和酸鹼打交道的本生，十指早就長出了厚厚的老繭，已經對高溫沒有任何感覺了。眾人聽完，先是一驚，繼而流露出佩服的神情，畢竟華氏300度的火焰不是任何人的手指可以輕鬆放上去的。可見，本生為了科學，具有何等的奉獻精神。

科學試驗導致本生砷中毒，也促使他發現了解救砷中毒的藥物。

砷是一種廣泛分佈於自然界的金屬，在土壤、水、礦物、植物中都存在著微量的砷。正常人體組織中也含有微量的砷。金屬砷不溶解於水，沒有毒性，但是，砷一旦與其他物質化合，形成砷化物，就具有毒性。比如，三氧化二

砷，就是我們常說的砒霜，色白、無味、易溶於水，溶解度可高達30％，含有劇毒。

微量的砒霜就能引起中毒，砷進入人體內被吸收後，破壞了細胞的氧化還原能力，影響細胞正常代謝，引起組織損害和機體障礙，可以直接引起中毒而死亡。

但是，砷及其化合物並非一無是處，它們在工、農業中有著廣泛的用途，這也是科學家們堅持研究它的原因。

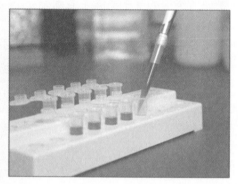

農業上常用它們殺蟲、毒鼠和滅釘螺；工業生產中砒霜及其化合物也常用於毛皮生產中的消毒、防腐、脫毛；玻璃工業中用於脫色劑。

大衛·希爾伯特（西元1862年～1943年），德國數學家，是19世紀和20世紀初最具影響力的數學家之一。提出了新世紀所面臨的23個問題。

關於DNA的萬能復信

去氧核糖核酸（DNA）是染色體的主要化學成分，同時也是組成基因的材料。在繁殖過程中，父代把它們自己DNA的一部分複製傳遞到子代中，進而完成性狀的傳播。

1962年，諾貝爾醫學和生理學獎頒給了三位科學家，他們分別叫沃森、克里克和威爾金斯。他們共同努力完成了DNA的雙螺旋結構模型，取得醫學和生理學方面的重大突破。事實上，還有一位科學家也參與了這項偉大成就的試驗過程，他叫富蘭克林，可惜因罹患癌症於1958年病逝而未被授予該獎。

這四個人的合作，要從1949年說起。

當時，克里克和佩魯茲一起使用X光線技術研究蛋白質分子結構，在多次試驗中，他逐漸瞭解到DNA分子結構的重要性。在這個過程中，他遇到了對DNA分子結構同樣感興趣的沃森。他們相遇後，談得十分投機。克里克雖比沃森年長12歲，但共同的事業理想使得兩人很快地成為至交好友，無話不談。

由於兩人都對DNA分子結構感興趣，都認為解決DNA分子結構是打開遺傳之謎的關鍵。所以，他們每天都要交談至少幾個小時，討論學術問題。在不停地討論中，兩個人互相補充，互相批評，並且相互激發出對方的靈感。這天，他們又坐在一起討論，沃森說：「只有藉助精確的X光線衍射資料，才能更快地弄清DNA的結構。」

「對，」克里克表示贊同，「威爾金斯教授是X光線衍射資料專家，我想請他週末到劍橋來度假。」

沃森激動地說：「太好了。」

週末，威爾金斯如約前來，與克里克、沃森進行了長時間交談。在交談中，克里克和沃森向威爾金斯說明了他們的研究設想，認為DNA結構是螺旋型的，威爾金斯同意了他們的觀點，並說：「我的合作者富蘭克林和實驗室的其他科學家們，也都在思索著DNA結構模型的問題。」

得到了威爾金斯的肯定和鼓勵，克里克他們更加努力地工作，苦苦地思索DNA 4種鹼基的排列順序，一次又一次地在紙上畫鹼基結構式，擺弄模型，一次次地提出假設，又一次次地推翻自己的假設。

有一天，當沃森又在按照自己的設想擺弄模型時，有了一個重大突破。

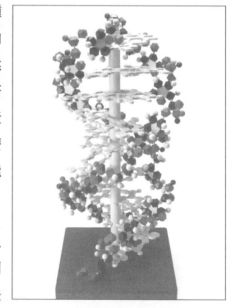

他把4種鹼基移來移去，試圖尋找各種配對的可能性。他做著做著，突然發現由兩個氫鍵連接的腺嘌呤一胸腺嘧啶對竟然和由3個氫鍵連接的鳥嘌呤一胞嘧啶對有著相同的形狀，這讓他大感興奮。多少天來，他們一直弄不明白嘌呤的數目為什麼和嘧啶數目完全相同，今天的試驗看來能夠解決這個謎團了。

於是，他立即喊來克里克，兩人投入到更加緊張的試驗之中。不久，他們得到了DNA分子結構形狀的基本構思：DNA是雙螺旋結構，其中兩條鏈的骨架方向是相反的。

在他們緊張連續的工作下，DNA金屬模型的組裝很快完成了。這個模型由兩條核苷酸鏈組成，它們沿著中心軸以相反方向相互纏繞在一起，很像一座螺旋形的樓梯。望著模型，兩人又高興又緊張，由於缺乏準確的X光線資料，他們擔心模型是否完全正確。

於是他們再次請來了威爾金斯。兩天後，威爾金斯和富蘭克林做出了判斷，透過X光線資料分析證實雙螺旋結構模型是正確的。他們寫了兩篇實驗報告同時發表在英國《自然》雜誌上。並因此獲得了1962年諾貝爾獎。

有趣的是，克里克獲得諾貝爾獎後，名聲大振，每天有大量的人來訪和來信，使他應接不暇，無法工作。後來，他終於想出一個好方法。

他設計印製了一種「萬能的復信」，信上說：「克里克博士對來函表示感謝，但十分遺憾，他不能應您的盛情邀請而為您簽名；赴宴做講演；參加會議；贈送相片；充當證人；擔任主席；為您治病；為您的事業效勞；充當編輯；接受採訪；閱讀您的文稿；寫一本書；發表廣播談話；做一次報告；接受名譽和地位；在電視中露面⋯⋯」

對方的來信提出什麼要求，他就在相對的地方做記號答覆。很快地，他就從難以應付的困境中逃脫了。

DNA是英文Deoxyribonucleic acid的縮寫，中文名稱為去氧核糖核酸，它由兩條鏈構成，呈雙螺旋的結構，而這兩條鏈的骨架方向是相反的。

DNA主要存在於生命體的染色體中，是染色體的主要化學成分。在原核細胞中，染色體是一個長DNA分子，在真核細胞核中，有不只一個染色體，但每個染色體也只含一個DNA分子。不過它們通常都比原核細胞中的DNA分子大而

且和蛋白質結合在一起。

除了染色體DNA外，有極少量結構不同的DNA存在於真核細胞的線粒體和葉綠體中。

DNA分子在生命體中具有重要地位，它貯存決定物種性狀的幾乎所有蛋白質和RNA分子的全部遺傳信息；編碼和設計生物有機體在一定的時空中有序地轉錄基因和表達蛋白完成定向發育的所有程序；初步確定生物獨有的性狀和個性以及和環境相互作用時所有的應激反應。

所以，DNA是表達生命個體的主要原因。而且，在繁殖過程中，父代會把它們自己DNA的一部分複製傳遞到子代中，進而完成性狀的傳播。也就是說，父代的DNA與子代的DNA在很大程度上是一致的。可見，DNA是生命體中的遺傳基因。

沃森（西元1928年出生），美國分子生物學家。與克里克合作，提出了DNA的雙螺旋結構學說。這一生物科學中具有革命性的發現，是20世紀最重要的科學成就之一。和克里克及威爾金斯一起獲得了1962年諾貝爾生理學或醫學獎。

祖沖之的圓周率

圓周率是一個極其馳名的數。圓周率是指平面上圓的周長與直徑之比。做為一個非常重要的常數，圓周率最早是出於解決有關圓的計算問題的。

祖沖之是中國古代傑出的科學家，他在數學和天文方面都有突破性的貢獻。祖沖之從小愛好數學和天文，對做官不感興趣。當時，年輕的祖沖之在華林學省工作，這是一個專門研究學術的官署。他在工作期間，非常專心地鑽研天文曆法以及數學知識。結果，他發現當時使用的曆法不夠精確，於是開始了長期的觀察研究，終於創制了一部新曆法。

這部曆法十分精確，測定出每一回歸年（指的是兩年冬至點之間的時間）的天數，跟現代科學測定的相差只有五十秒；還測定出月亮繞行一周的天數，跟現代科學測定的相差竟然不到一秒。

這麼精確可靠的曆法，應該得到推行和實用。於是，祖沖之在西元462年，向宋孝武帝上書，請求頒佈新曆法。孝武帝召集群臣，商議此事。結果，新曆法很快地遭到了保守派的攻擊。攻擊者以戴法興為代表，他們認為，古曆已經用了很多年，人們已經習慣，而祖沖之擅自改變曆法，如此叛經離道的行為，很容易導致百姓的叛逆之心。所以，為了穩固朝局，穩定民心，決定不頒佈新曆法。

聽到如此荒唐可笑的言論，祖沖之以科學的態度反駁戴法興，當場公佈自

己研究的各項資料，希望皇帝和群臣正確看待這件事。然而戴法興是皇帝的寵臣，在朝中很有勢力，他蠻橫地打斷祖沖之的話，說：「不管怎麼說，曆法是古人制訂的，後代的人不應該更動！」

祖沖之毫不畏懼，堅持科學真理，嚴肅地說：「曆法不需要空談，需要事實根據，你要是有，只管拿出來，大家辯論。不要拿空話嚇唬人！」戴法興哪懂什麼科學根據，他惱羞成怒，回頭請皇帝幫忙。

孝武帝寵幸戴法興，認為他為自己的朝政著想，於是找了一些懂得曆法的人跟祖沖之辯論，可是他們一個個全被祖沖之駁倒。可惜事實雖在眼前，孝武帝依然不肯頒佈新曆。就這樣，一部凝聚著無數心血的科學曆法，直到祖沖之死了十年之後，才得以推行。

祖沖之在科學領域還做過很多貢獻，他發明出指南車、千里船、水碓磨等，方便了人們的生活，推動科學事業的發展。當然，他最有名的科研成就，應該是他經過長期的艱苦研究，計算出圓周率在3.1415926和3.1415927之間，成為世界上最早把圓周率數值推算到小數點以後七位數的科學家。

秦漢以前，人們都以「徑一週三」為圓周率，西漢末年，劉歆在為王莽設計製作圓形銅斛的過程中，發現這一說法有誤，真正的圓周率應該是「圓徑一而週三有餘」，他經過進一步的推算，求得圓周率的數值為3.1547。到了三國時期，著名的數學家劉徽在為《九章算術》作註時創立了新的推算圓周率的方法──「割圓術」，用圓內接正多邊形的周長來逼近圓周長。他設圓的半徑為1，把圓周六等分，做圓的內接正六邊形，用畢氏定理求出這個內接正六邊形的周長；然後依次做內接十二邊形、二十四邊形……至圓內接一百九十二邊形時，得出它的邊長和為6.282048，而圓內接正多邊形的邊數越多，它的邊長就越接近

圓的實際周長，所以此時圓周率的值為邊長除以2，其近似值為3.14，而實際的圓周率應該比它大一點。這已經是最接近於正確值的圓周率了。

後來，祖沖之便按照劉徽的方法，反覆推演，將圓周率推算到了3.1415926和3.1415927之間。他成為世界上第一個把圓周率的準確數值計算到小數點以後七位數的人。在科學歷史上，圓周率是一個極其馳名的數，幾乎從有文字記載開始，這個數就引起了無數人的興趣。

圓周率簡稱 π，指的是平面上圓的周長與直徑之比。

在西方，圓周率的鑽研較晚一些，15世紀，阿拉伯數學家凱西將 π 精確到小數點後17位數，打破了祖沖之保持千年的紀錄。1579年法國數學家韋達提出了圓周率的第一個解析運算式，之後 π 值計算精度迅速增加。1596年，德國數學家柯倫將 π 值進一步精確到了小數點後20位數，十幾年後，他再次將 π 值精確到小數後35位數，該數值得到廣泛認可，並用他的名字命名為魯道夫數。18世紀以後，圓周率的研究更是廣受關注，計算精準度也不斷增加，進而突破百位小數大關，達到808位小數值，成為人工計算 π 值的最高紀錄。

隨著電腦的出現，圓周率的計算有了突飛猛進的發展。1949年，美國首次用電腦計算 π 值，一下子就突破了千位數。1989年美國哥倫比亞研究人員用巨型電腦算出 π 值小數點後4.8億位數，後來又算到小數點後10.1億位數，創下新的紀錄。

林奈（西元1707年～1778年），瑞典植物學家、冒險家，他的最主要成果是建立了人為分類體系和雙名制命名法，是近代植物分類學的奠基人。

冰核講述的環境變化

凍結核和凝華核總稱為冰核。冰核不要求能溶解於水，但要求其分子結構與冰晶類似，便於水分子在核面上按一定的規則排列成為冰晶。

羅尼‧湯普森是美國冰河地理學家，他致力於熱帶冰河的研究，並取得了傑出成就。

湯普森為什麼在大多數地質學家熱衷於南北極地區的研究時，獨闢蹊徑，專門攻研熱帶冰河呢？

原來，他有一次和同事攀爬非洲的乞力馬札羅山時，遇到了一個新問題。乞力馬札羅山是一座位於熱帶地區的雪山，山下四季炎熱，山頂上卻常年積雪，形成蔚為奇特的景象。當年，海明威曾形容它為「偉大，崇高，令人難以置信的潔白」，因此，它在世人心中保持著不朽的地位。可是，當湯普森和同事們到達山頂，採集冰核時，他們對採集到的冰核產生了疑問。

一位同事拿著手裡的冰核，對湯普森說：「這上面有很多小洞，是不是也是空氣偶爾滲透進去形成的？」

湯普森接過這塊玻璃般光滑的冰核，看到它表面佈滿了小孔，憑藉他多年的專業眼光，他一下子就斷定：「這些小洞不是空氣形成的，而是冰雪融化後，雪水流淌時留下的溝槽痕跡。」

「真的嗎？」同事大吃一驚。

湯普森也十分震驚，他知道，如果這些小洞真的是冰雪融化的痕跡，那麼就說明偉大的乞力馬札羅山正在融化，這可不是一個令人樂觀的信號。

為了證實自己的推測，湯普森和同事把冰核帶回了美國實驗室，把它放進超低溫冷藏櫃中，進行了進一步研究。結果，他們證實了自己的推斷，並且推斷出按照目前融化的速度，15年之後，乞力馬札羅山上的冰雪就有可能消失殆盡了。

對於這個發現，湯普森投入了極大的精力，他開始在各地的雪山上攀爬，採集各個山上的冰核，並把它們一一放進實驗室的冰櫃中，他說：「我要趕在積雪消融之前，攀登更多的高峰，收集並記錄能反映地球氣候變遷的寶貴的資訊冰核。」

冰核能反映出地球上氣候的變遷情況嗎？答案是肯定的，這是因為高山上的陳年冰核如同樹木年輪一樣，長年扮演著大自然的忠實記錄員角色，為所在地區相當精確地記錄了一份幾個世紀裡溫度和降水量等氣候變化的資訊。

湯普森孜孜以求地進行著「地質解密」工作，將珍藏在大自然天然圖書館中的寶貴資料——冰核收集起來，進行研究探秘。就這樣，他成功地搶救並破解了許多地質紀錄，為科學界奉獻了一份新的有用資訊。

比如，他在1983年從採自秘魯南部奎爾卡亞冰峰的樣品中，重建了一份近1500年來秘魯的氣候從濕潤到乾燥的變化過程，可做為該地區1500年來文明興衰的自然註解。1987年，他成功破解了中國青藏高原近4萬年的地質演變史，緊接著又於1992年成功解讀了中國古老冰層近76萬年的演變史。

除此之外，湯普森還有力地證明了，從美洲南部的安第斯山脈到亞洲中部喜馬拉雅山的環熱帶冰河地帶，在2萬年前的氣候比現在科學家們設想的要寒冷許多。

關於冰核，大多數人也許知之甚少，不知道它為何物。其實，冰核是凍結核和凝華核的總稱，它的分子結構和冰晶類似，核面上的水分子按一定規則排列成冰晶。在氣象學中，冰核的地位非常重要，作用很大。

雲體的中部是冰水共存的區域，在這種既有水滴又有冰晶、雪花的混合雲體裡，水汽很容易直接凝花在冰晶上，並使冰晶迅速增大為冰粒。當冰粒大到0.1毫米時，就會隨著雲中的垂直氣流上下來回翻騰，一路上與過冷水滴、冰晶及雪花相互碰撞，逐漸凝結成一個不透明的白色冰核，也就是「冰雹胚胎」。

冰雹胚胎反覆地凝結，越來越大，但空氣中的氣流再也托不住它的時候，它便落到地上，成為冰雹。冰雹是冰核的主要形式之一。

利斯特（西元1827年～1912年），英國醫學家，1860年當選為英國皇家學會會員，並擔任過該會會長。利斯特對人類的一大貢獻就是外科消毒法的發明，這一發明挽救了億萬人的生命。

灰色的金子

龍涎香是名貴的香料和中藥材，實際上它是抹香鯨在吞食墨魚、章魚後，胃腸道分泌出的一種灰黑色的蠟狀排泄物。

在沙烏地阿拉伯的科特拉島上，生活著以捕魚為生的漁民，他們日日出海，忙碌在遼闊的大海上，見識了各式各樣的魚類。

在當地人心目中，大海裡最偉大的生物就是鯨魚，牠們體型碩大，食量驚人，恐怕沒有其他生物可與之比擬。而且，當地人還十分喜歡一種頭部巨大的鯨魚，親切地稱呼牠們為「巨頭鯨」，因為牠能散發特殊的香味，所以又稱牠抹香鯨。

有一年，一位上了年紀的漁民像往常一樣來到大海上捕魚時，發現了一條死在岸邊的大鯨魚！老漁民十分謹慎地走過去，口裡唸叨著：「這麼大的鯨魚怎麼躺在這裡不動了？發生了什麼意外？」

當他仔細地檢查鯨魚，發現牠已經死了，感到又驚又喜，急忙回家叫來親朋好友觀看這條大鯨魚。人們驚喜地湧到岸邊，圍著鯨魚又說又跳。完成了簡短的儀式之後，老漁民決定剖殺鯨魚。

鯨魚太大了，剖殺工作異常辛苦，但是老漁民並不鬆懈，工作得十分起勁。當他剖開鯨魚的肚腹，更大的驚喜出現了，鯨魚的腸道裡有一塊龍涎香！這可是極其

59

珍貴的物品，老漁民發財了。

這件事一傳十，十傳百，不脛而走，引起海洋生物學家的高度重視。長久以來，人們對於海中漂浮著的一些灰白色清香四溢的蠟狀漂流物十分感興趣，它們大小不等，有一股強烈的腥臭味，但乾燥後卻能發出持久的香氣，點燃時更是香味四溢，比麝香還香，是從古至今最珍貴的香料。

由於人們不知道它的由來，中國古代的煉丹術士說這是海裡的「龍」在睡覺時流出的口水，滴到海水中凝固起來的，因此為它取名「龍涎香」。

但在國外，對於龍涎香的由來，還有各種說法，有人認為它是海底火山噴發形成的；有的說是海島上鳥糞漂入水中，經過長時間的風化而成的；有的說這是蜂蠟，在海水中經過漫長的漂浮生成；有的還說這是一種特殊的真菌。

儘管說法眾多，卻沒有一種是有科學根據的。

所以，當海洋生物學家聽說在鯨魚體內發現了龍涎香後，自然格外關注。

經過海洋生物學家研究，很快揭開了龍涎香的秘密：原來，大烏賊和章魚口中有堅韌的角質顎和舌齒，很不容易消化，當抹香鯨吞食了牠們後，顎和舌齒在胃腸內積聚，刺激了腸道，腸道就會分泌出一種特殊的蠟狀物，將無法消化的殘骸包起來，慢慢地就形成了龍涎香。有時抹香鯨會將凝結物嘔吐出來，有時會透過腸道排泄出來，這樣就有了人們在海上發現的蠟狀漂浮物。

龍涎香是抹香鯨的腸內分泌物的乾燥品。抹香鯨在吞食墨魚、章魚後，胃腸道會分泌一種灰黑色的蠟狀排泄物，在海水的作用下，這種物質漸漸地變為灰色、淺灰色，最後成為白色。

白色龍涎香經過了百年以上海水的浸泡，雜質已全漂洗出來，品質最好。

自古以來，龍涎香就做為高級的香料使用，香料公司將收購來的龍涎香分級後，磨成極細的粉沫，溶解在酒精中，再搭配5%濃度的龍涎香溶液，用於配置香水，或做為定香劑使用。所以，龍涎香的價格昂貴，幾乎與黃金等價。

除了用作香料之外，龍涎香還是一劑名貴中藥材，它味甘、氣腥、性澀，具有行氣活血、散結止痛、利水通淋、理氣化痰等功效；用於治療咳喘氣逆、心腹疼痛等症。

麥克金南（西元1956年出生），美國科學家，2003年因發現了細胞表面被稱為「通道」的細孔而獲諾貝爾化學獎，他的研究對於瞭解影響腎臟、心臟、肌肉和神經系統的許多疾病具有重要意義。

放射性元素鐳的光芒

放射性元素能夠自發地從原子核內部放出粒子或射線，同時釋放出能量，這種現象叫做放射性，這一過程叫做放射性衰變。

在科學領域內，許多發明都經過了非比尋常的歷程，而居禮夫人發現鐳元素，更是充滿了艱辛和神奇的色彩。當年，人們剛剛知道有一種稀有金屬叫做鈾，能發出具有穿透能力的射線，這就是X光線。居禮夫人知道這個消息後，立即聯想到，也許還有其他物質具有類似鈾的放射能力。於是，她與丈夫一起開始證實自己的假想。

夫婦二人親自動手，將一間儲藏室改造成小實驗室。這間屋子非常簡陋，沒有任何裝設，也沒有地板，只有一個破舊的火爐子，還有幾張長短不一的椅子，以及一塊舊黑板。居禮夫婦就在這裡開始了艱苦的試驗。

透過觀測，居禮夫人認為一種瀝青鈾礦中含有某種放射能力較強的元素，不過這種元素從來沒有被發現，是一種新元素。居禮夫人為了便於試驗，提前為這種未曾謀面的元素取名為「鐳」。

此後，居禮夫婦決定從瀝青鈾礦中找出新元素。可是，瀝青鈾礦非常昂貴，他們購買不起，為了節省費用，他們只好購買大量提煉過鈾的瀝青鈾礦的殘渣，這樣比較便宜。之後，他們在實驗室外面的院子裡架起提煉設備，一年四季努力地工作著。露天環境下，冬天冷夏天熱，遇到陰雨天氣，他們還要手忙腳亂地把機器往屋裡搬，辛苦不堪。

可是，為了找到新元素，他們以苦為樂，全心地投入工作中。每天一大

早，他們就穿著沾滿灰土、染著各種液體的工作服，將盛放瀝青鈾礦殘渣的鍋燒開，守在旁邊，不停地用鐵棍攪動著鍋中沸騰的礦物。這時，煤煙繚繞，有毒的氣體熏人，刺激著他們的眼睛和嗓子，十分難受。工作既艱苦、單調，又很難進展，一連3年過去了，他們還是沒有找到鐳。有一次居禮先生有些煩躁地說：「太艱苦了，我們先停一段時間再做吧！」

居禮夫人搖搖頭說：「不，我不會放棄，我們一定要找到鐳。」

為了鼓勵丈夫，每當工作累了的時候，居禮夫人就會和丈夫坐在一起，聊聊自己心中鐳的樣子，她說：「鐳會有一種美麗的顏色，非常好看。」

居禮先生在妻子的鼓勵下，重新燃起奮鬥的信心，工作更加努力。

終於，鐳在一個特殊的夜晚出現了。

這天，居禮夫婦像往常一樣在實驗室工作，天黑後，他們收拾物品，趕回家中。晚上，他們躺在床上難以入睡。居禮夫人覺得心裡有種不安的感覺，她考慮再三，對丈夫說：「我們回到那裡去看看好嗎？」

她說的「那裡」指的是他們的實驗室。居禮先生似乎也感到有些異樣，拉著妻子的手離家上路了。月色朦朧，腳步匆匆，夫婦二人感覺實驗室裡有股強大的力量在召喚他們，這是什麼呢？

穿越巷弄，走過一片住宅區，他們走到了小小的實驗室前。居禮先生打開門，只聽妻子輕聲說：「親愛的，別點燈！我們不是希望鐳有美麗的顏色嗎？」居禮先生認真地點點頭，一邊拉著妻子的手，一邊說：「那好，讓我們來看看。」

他們走進去，看到了神奇的一幕。黑暗的房間裡，一團似有若無的藍光在閃爍著、跳躍著，像是夏夜裡的一隻螢火蟲。望著這美麗的藍光，居禮夫人激動地握緊了丈夫的手。她知道他們成功了，這種美麗的光就是神秘元素鐳發出的光。

居禮夫人發現的鐳是一種放射性元素。想要瞭解放射性元素，首先需要知道什麼叫放射性。有一些元素，能夠自發地從原子核內部放出粒子或射線，同時釋放出能量，這種現象就叫做放射性，這一過程叫做放射性衰變。具有放射性的元素統稱為放射性元素。

含有放射性元素的礦物叫做放射性礦物，從中可以提煉放射性元素，用於科學研究以及工、農業生產。以鐳為例，由於鐳的輻射具有強大的貫穿能力，所以發現不久，便用來治療惡性腫瘤；又因為鐳鹽在暗處可以發光，人們用它來塗製夜光錶盤。如今，核電廠的核原料，工、農業中的放射性標記化合物等，都是放射性元素在擔當重任。

居禮夫人（西元1867年～1934年），法國籍波蘭科學家，研究放射性現象，發現鐳和釙兩種放射性元素。一生兩度獲得諾貝爾獎，分別是1903年諾貝爾物理學獎和1911年諾貝爾化學獎。

惰性氣體現形

最不喜歡結合的元素是一組被稱作「惰性氣體」的元素。惰性氣體共有六種，按照原子量遞增的順序排列，依次是氦、氖、氬、氪、氙、氡。

拉姆塞是蘇格蘭化學家，他因發現惰性氣體而聞名於世，獲得了1904年諾貝爾化學獎。

1894年，拉姆塞和瑞利經過多年研究實驗，發現空氣中存在一個未知的新元素，它和氧氣、氮氣一樣，就在我們周圍。這年，他們參加了在英國的科學城牛津舉行的自然科學大會，會上，他們向所有自然科學家們宣佈了他們的新發現，並準確指出每立方米空氣中大約有15克這種氣體，在開會的大廳中就有幾十公斤這種氣體。他們還同時指出，這種新氣體幾乎不與任何元素起化學反應，所以，他們為它取名叫「氬」，是希臘文「懶惰」的意思。

這個新發現引起與會科學家們極大的好奇，他們對此給予了熱情的關注。第二年，拉姆塞接到了化學家梅爾斯的一封信，信中告訴他一個情況，美國地質學家希萊布蘭德在做試驗時，曾經把釔鈾礦放在硫酸中加熱，結果冒出的氣體很奇怪，既不能自燃，又不能助燃，他當時認為這是氮氣。

可是他聽說了拉姆塞發現的新氣體後，覺得這種氣體有可能是氬氣，所以特地寫信告知，提醒他說不定釔鈾礦中含有鈾和氬的化合物。

看了信後，拉姆塞十分激動，他立即投入重複希萊布蘭德的實驗中，果真收集到幾立方公分的氣體。他對這種氣體進行光譜分析，研究它的成分和結構，卻發現了意想不到的事情，這種新收集到的氣體光譜顯示，它既不是氮，

也不是氬。

也就是說，它是一種全新的氣體。那麼，它是什麼呢？

拉姆塞在驚奇之餘，將所知道的各種物質的光譜都重新回憶了一下，可是仍然沒有發現哪種物質跟它相似。他不由得陷入困惑之中。

經過反覆思索，他突然想起一件事，27年前，科學家詹森和羅克耶爾曾經發現了太陽上的氦，新氣體會不會和氦有相同之處？想到這裡，他立即核對兩種物質的光譜線，結果發現大致一樣。這讓拉姆塞非常興奮，但他沒有儀器來精密地確定譜線在光譜裡的位置。於是，他決定請英國當時最好的光譜專家克魯克斯幫忙。

這樣，這種由梅爾斯提供資訊，由拉姆塞研究發現的新氣體的譜線就交到了克魯克斯的手裡。拉姆塞告訴他：「這是一種新氣體，我覺得應該為它取名氦，請您確定一下新氣體的譜線位置。」

很快地，拉姆塞收到了克魯克斯發來的電報，內容只有幾個字，寫著：「氦——就是氦，請來看。克魯克斯。」他的鑑定說明，27年前在太陽上發現的氦也在地球上找到了。

拉姆塞發現了氦之後，拿了許多物質與它發生反應，結果證明，氦和氬一樣不會跟任何物質化合，也是惰性氣體。後來，拉姆塞又陸續發現了氖和氪兩種新惰性氣體，為惰性氣體的發現和研究做出了巨大貢獻。

　　最不喜歡結合的元素是一組被稱作「惰性氣體」的元素。這組元素包括6種氣體，分別是氦、氖、氬、氪、氙、氡。它們存在於大氣之中，一般情況下，以單一原子的形式存在，不與其他任何元素化合。

　　而且，每種惰性氣體的原子與原子之間也不願互相靠近，難以形成液體狀態，因而在常溫下，它們都不會液化。

　　惰性氣體為什麼如此「懶惰」呢？

　　原來，在不同物質間，一個原子向另一個原子轉移電子或與另一個原子共用電子，這就叫相互化合。惰性氣體卻不願這麼做，它們的原子中的電子分佈得非常勻稱，需要輸入很大能量才能改變其位置，而這種情況是很難發生的，所以，它們總是保持一種狀態，很少發生變化，也不與其他元素「交往」，顯得十分「懶惰」。

希波克拉底（西元前460年～西元前377年），被西方尊為「醫學之父」的古希臘著名醫生，歐洲醫學奠基人，古希臘醫師，西方醫學奠基人。提出「體液學說」。

鄧稼先滿腦袋的原子核

原子核簡稱「核」。位於原子的核心部分，由質子和中子兩種微粒構成。原子核的能量極大。當一些原子核發生裂變或聚變時，會釋放出巨大的原子核能，即原子能。

1950年的夏天，鄧稼先在美國取得了博士學位，他放棄良好的工作條件和優厚的待遇，毅然回到一窮二白的中國。

這年中國國慶日，北京外事部門設宴招待歸國學者和科學家，在會上，有人問鄧稼先帶了什麼回來？他回答：「我帶了幾雙目前中國還不能生產的尼龍襪子送給父親，還帶了一腦袋關於原子核的知識。」

後來，鄧稼先接受國家安排，全心投入在中國研製原子彈的事業上。當時，生活條件非常苦，經常缺吃少喝，可是苦難沒有嚇倒鄧稼先，他帶領同事們奮鬥在第一線，日夜加班，不畏險難。他在試驗所顧不得妻子與家人，度過了整整10年的單身漢生活，有15次在現場領導核子試驗，進而掌握了大量的第一手資料。

除了生活困難外，研究原子核還面臨極大的危險，因為這種工作一不小心就會受到核輻射，將會嚴重損傷身體健康。鄧稼先在長期擔任核子試驗的領導工作中，總是身先士卒，在最關鍵、最危險的時候出現在第一線，毫無懼色。特別是在核武器插雷管、鈾球加工等生死一線間的險要時刻，他都站在操作人員身邊，給工作人員極大的鼓勵和信心，保障工作順利進行。

有一次，航投試驗時出現了降落傘事故，原子彈墜地被摔裂。

鄧稼先見此情景，雖然深知危險，卻一個人搶先去把摔破的原子彈碎片撿起來，拿到手裡仔細檢驗。這件事情傳到他妻子的耳中，身為醫學教授的妻子大感吃驚，因為她知道，摔裂的原子彈具有強烈的核輻射，不要說拿它了，就是接近它也很危險。

於是，在鄧稼先回北京時，妻子強拉他去做檢查。結果果然出了問題，在鄧稼先的小便中發現帶有放射性物質，肝臟受損，骨髓裡也侵入了放射物。

妻子要求鄧稼先留在北京修養，可是心念原子核的鄧稼先哪肯放棄自己的事業，他堅持回核子試驗基地，繼續工作。

後來，他的病情惡化，行走都很艱難，但他依然堅持自己去裝雷管。同事們不肯讓他去冒險，鄧稼先就以院長的權威向周圍的人下命令：「你們還年輕，你們不能去！」

1985年，鄧稼先拖著病體，無奈地離開試驗基地羅布泊回到北京。他十分渴望參加原子核會議，可是醫生強迫他住院並通知他已罹患癌症。

鄧稼先無力地倒在病床上，平靜地對妻子說：「我知道這一天會來的，但沒想到它來得這樣快。」他多麼希望繼續工作啊！

原子核是科學領域內新興的一門知識。

1911年，英國科學家盧瑟福在用 α 射線照射金箔的實驗中，發現大部分射線都能穿過金箔，而少數射線發生了偏轉，他因此認為，原子內含有一個體積小而品質大的帶正電的中心，這是原子核首次被發現。

原子核很穩定，通常不會發生分裂。但是它也可以發生兩種變化，一是裂變，指的是原子核分裂為兩個或更多的核；一是聚變，指的是輕原子核相遇時結合成為重核。這兩種情況一旦發生，會釋放出巨大的原子核能，即原子能。

原子核在很多科技領域都得到應用，比如軍事上，用來製造核武器，產生的威力十分強力。

另外，它在醫學、科研等各個領域也都有應用。

托勒密（約西元90年～168年），古希臘天文學家、數學家、地理學家和地圖學家。日、月、行星和恆星均環繞地球運行，托勒密的地球中心說支配西方長達1500年之久。

不求名利的諾貝爾

諾貝爾獎創立於1901年，它是以瑞典著名化學家、工業家、硝化甘油炸藥發明人諾貝爾的部分遺產做為基金創立的。分設物理、化學、生理或醫學、文學及和平五項獎金，授予世界各國在這些領域對人類做出重大貢獻的人或組織。

諾貝爾是世界知名的偉大科學家，他從小受父親影響，對研究炸藥很有興趣。經過努力鑽研，他製造了炸藥，開發了油田，賺了很多錢，擁有數不清的財富。

可是，炸藥自從發明後，就被用於戰爭，因此導致了無數戰爭的發生，造成無數人喪命，這讓諾貝爾十分痛心，他呼籲世人把火藥用於和平，不要點燃戰爭。為此，諾貝爾用他的巨額財產成立基金，每年獎勵給世界上對物理、化學、生理或醫學、文學、和平事業有傑出貢獻的人。

從此以後，諾貝爾獎成為世界上最重要、最知名的獎勵之一，誰能獲獎，將是無上榮耀。

然而，諾貝爾本人卻十分謙謹，從來不吹噓、誇耀自己的成就。

有一次，諾貝爾正在實驗室裡忘我地工作。他哥哥推門進來，對他說：「諾貝爾，我正在整理我們家族的家譜，你是聞名世界的大人物，家譜裡應該有你的自傳。可是你遲遲不寫，這怎麼行呢？」

諾貝爾頭也沒抬，繼續自己的試驗，說：「哥哥，不用吧！」

諾貝爾的哥哥已經多次找諾貝爾論及此事了，他一聽，知道弟弟還是不肯

寫自傳，就勸說道：「弟弟，你應該明白，寫自傳不是為了你自己，而是為了我們整個家族呀！你知道，你的自傳會給我們家族增添光彩！」

諾貝爾低著頭，想也沒想就說：「不管為誰，寫自傳都沒有必要。」

諾貝爾的哥哥耐著性子，反覆勸說，最後，甚至以哀求的口氣說：「弟弟，我知道你是怕耽誤時間。這樣吧，你就說說，我來記錄、整理，怎麼樣？」

諾貝爾看到哥哥如此堅持，只好放下手裡的工作，盯著哥哥的眼睛說：「我實難從命。我不能寫自傳，宇宙浩渺無際，其間的恆星如同沙粒一樣那麼多，那麼渺小。而我們人類，比起這些來是無足輕重的，有什麼值得寫的！」

聽了他的這番感慨，哥哥明白了，諾貝爾認為自己做的一切只是為人類該做的一點點事而已，他不想拿對人類的一點點貢獻去換取榮譽。

最終，諾貝爾的哥哥只好嘆息著走了。諾貝爾又埋頭做起實驗來。

從諾貝爾無視名利的故事中，我們看到了這位世界偉人的風采。他的偉大貢獻不僅在於他的創造發明，還體現在他創建的諾貝爾獎上。

諾貝爾獎創立於1901年，這份聞名於世的獎項是以諾貝爾的部分遺產做為基金創立的。

1895年，諾貝爾在臨終前，立下遺囑，提出將部分遺產（3100萬瑞典克朗，當時合920萬美元）做為基金，基金放於低風險的投資，以其每年的利潤和利息分設物理、化學、生理或醫學、文學及和平五項獎金，授予世界各國在這些領域對人類做出重大貢獻的人或組織。

根據諾貝爾的遺言，1900年6月，瑞典政府批准設置了諾貝爾基金會，並於次年諾貝爾逝世5週年紀念日，即1901年12月10日首次頒發諾貝爾獎。

從此以後，除因戰爭中斷外，每年的這一天分別在瑞典首都斯德哥爾摩和挪威首都奧斯陸舉行隆重的授獎儀式。

1968年，瑞典中央銀行於建行300週年之際，提供資金增設諾貝爾經濟獎，1990年諾貝爾的一位重姪孫克勞斯·諾貝爾又提出增設諾貝爾地球獎，授予傑出的環境成就獲得者。

至此，諾貝爾獎擴增為七項。

一個多世紀以來，諾貝爾獎已經深入人心，成為世界上最偉大的獎項之一。不管時間如何變化，它的宗旨不變：評選的唯一標準是成就的大小。獲獎人不受任何國籍、民族、意識形態和宗教的影響，體現了平等原則。

諾貝爾（西元1833年～1896年），瑞典化學家、工程師和實業家，諾貝爾獎的創立人。硝化甘油炸藥發明人，1901年，根據其遺囑，以其部分遺產做為基金創立諾貝爾獎。

第二章

科學發明

愛迪生的發明

發明指的是應用自然規律解決技術領域中特有問題而提出創新性方案、措施的過程和成果。

　　愛迪生是舉世聞名的「發明大王」，他一生共發明了電燈、電報機、留聲機、電影機、磁力析礦機、壓碎機等等總計兩千餘種東西。他的發明對改進人類的生活方式做出了重大的貢獻。他的成功來自於他強烈的求知慾望，也來自於他孜孜不倦地研究精神。

　　從小他就十分愛動腦，遇事總愛追問為什麼。然而，他只上了三個月小學就輟學了。原因是老師認為他太笨了，無法接受正規教育。愛迪生的母親十分瞭解自己的兒子，她聽了老師的評論後，沒有像一般的母親那樣打罵兒子，也沒有放棄對兒子的教育，而是把他帶回家，親自指導、教育他。就這樣，愛迪生依靠母親的教導和自修獲得了很多知識，為以後從事發明創作奠定了基礎。

　　愛迪生一生非常珍惜時間，他總是說：「最大的浪費莫過於浪費時間了。人生太短暫了，要多想辦法，用極少的時間辦更多的事情。」

　　有一次，他在實驗室裡交代助手一項任務，讓他量量一個空燈泡的容量。

　　助手接過燈泡後，想了想就拿著軟尺測量燈泡的周長、斜度，並拿了測得的數字在桌上計算。愛迪生等了半天，不見助手過來告訴自己燈泡的容量，不解地走過去觀看。他看到助手費力地工作，搖著頭說：「怎麼費那麼多的時間呢？你可以想出更快捷方便的辦法。」說著，他拿起那個空燈泡，往裡面裝滿了水，然後再次交給助手說：「裡面的水倒在量杯裡，馬上告訴我它的容量。」

助手恍然大悟，立即看出了容量的數字。

事後，愛迪生說：「科學發明就是多動腦，多思考，爭取在最短的時間內解決最多問題。你看，測量方法有很多種，你怎麼就想不到最準確、最省時的方法，而在那裡算來算去，白白浪費時間呢？」助手聽了，臉色一紅，他明白了一件事情，愛迪生能夠發明那麼多東西，正是在於他珍惜時間、勤於思索、勤於尋找問題的最佳答案的結果。

發明是科學領域的重要課題，指的是應用自然規律解決技術領域中特有問題而提出創新性方案、措施的過程和成果。發明的成果內容很多，包括提供前所未有的人工自然物模型、提供加工製作的新工藝與新方法。機器設備、儀錶裝備和各種消費用品以及有關製造工藝、生產流程和檢測控制方法的創新和改造，都屬於發明。

發明有兩大特點，先進性和目的性。先進性指發明不僅要提供前所未有的東西，更重要的是要提供比以往技術更為先進的東西；目的性是指發明必須有應用價值的創新，有新穎的和先進的實用性。

史斯基（西元1905年～1950年），美國著名無線電工程師、天文學家。1931年1月，他在14.6米的波長上接收到來自銀河系中心方向的射電輻射。於是，人類第一次捕捉到來自太空的無線電波，射電天文學從此誕生了。這是天文學發展史上的又一次飛躍。

臭烘烘的科學研究

科學研究通常是指利用科研手段和裝備，為了認識客觀事物的內在本質和運動規律而進行的調查研究、實驗、試製等一系列的活動。

科學史上，也許沒有哪位科學家，會像費雪一樣，以「臭」聞名於世了。

費雪年輕時，跟隨貝耶爾教授到慕尼黑大學，擔任一名助教。其實，已經取得博士學位，在科學界小有名氣的他，絕對可以受聘為教授。可是他認為貝耶爾教授是一位非常好的老師，在他身邊可以學到很多東西。就這樣，不顧親朋好友反對，費雪毅然放棄當教授的機會，跟隨老師去了慕尼黑。

剛到慕尼黑大學，費雪沒有教學任務，他把所有心血用在科學研究上。當時，在貝耶爾教授的指導下，他負責進行有關苯肼項目的研究，這個項目首先做的試驗就是合成糞臭素。

這是一個難度很高的實驗，而且糞臭素散發出的臭味幾乎無人可以忍受。就在這樣艱苦的環境下，費雪一心投入實驗上，毫不介意衣服、頭髮和皮膚上沾染的糞臭素，似乎聞不到惡臭的氣味。

經過無數次試驗，終於成功地合成了糞臭素，費雪特別高興，他跳起來預備和同事們慶祝時，發現實驗室裡只剩下他一個人了。原來實驗室裡沖天臭氣，薰得誰也待不下去了，大家都逃到外面「避難」去了。

在費雪研究糞臭素的過程中，還發生過一次有趣的故事：

費雪是一位歌劇愛好者。當時，他除了在實驗室裡做實驗，唯一的嗜好就

是去看演出。只要音樂廳、歌劇院有演出，他是必到的觀眾。有一天，他聽說一個外國劇團來到慕尼黑，要演出著名歌劇，他很激動，在實驗結束後，便匆匆收拾好所有實驗用品，趕緊動身前往歌劇院。

費雪興沖沖趕到劇院，發現了一個奇怪的現象，大家似乎都對他報以異樣的眼光，而且有意躲避自己。費雪有點納悶，但他沒有把它放在心上，而是專心地找自己的座位，希望快點坐下來，好觀看演出。

等費雪坐到位子上，情況更加奇怪了：他周圍的觀眾立即表現出十分奇特的表情，他們交頭接耳，議論紛紛，而後一齊掏出手帕捂住鼻子，像躲避瘟疫一樣轉過身子，不敢接近費雪。更為敏感的人還做出一副逃離的姿勢，好像無法忍受費雪這個人。

費雪好奇地看著人們的表現，不明白到底出了什麼問題。

突然，有人大叫一聲：「哪裡來的臭氣，誰把這個剛從馬棚出來的馬夫放進劇場來了！」聽到喊叫聲，費雪如夢初醒，才明白自己身上的臭氣太重了，給觀眾帶來了極大的不便。想到這裡，費雪連忙起身，匆匆離開了劇場。

長期處在惡臭的實驗室，費雪對臭味已經習慣了，可是歌劇院是高雅的地方，人們哪能容他坐在裡面。從此以後，儘管費雪多次認真洗澡，又從裡到外換衣服，但是臭味依然不減，就像是從身體裡散發出來的一樣。

一開始，費雪非常懊喪，覺得臭味影響了自己看歌劇，轉念一想，為了自己的研究，這點犧牲算不了什麼。所以，喜愛歌劇的費雪再也沒有進過劇院，忍痛割愛地放棄了這一愛好。但對於我們來說，費雪在科學領域卓著的成就，應該受到所有人的尊重。

　　糞臭素是一種特別有趣的玩意兒。它的化學名為Skatole，又叫3-甲基吲哚，是一種白色或微帶棕色的結晶。因為可以從糞便中提煉，又有強烈的糞臭味，所以通常稱它為糞臭素。

　　糞臭素對光敏感，如長時間放置則會逐漸變為棕色，遇到亞鐵氰化鉀和硫酸能產生紫色。能溶於熱水、醇、苯、氯仿及醚。除了糞便，它還存在於甜根、蜜腺樟木、煤焦油等中。

　　有趣的是，雖然蛋白質、氨基酸等的腐敗分解產物會產生大量的糞臭素，導致食物散發強烈的臭味，但另一方面，糞臭素卻又是一種食物添加香料。原來，糞臭素經大量稀釋後會產生一種令人愉悅的香味，因此它經常被加入乾酪、堅果、葡萄等製品中，以增添食物香味。

伏特（西元1745年～1827年），義大利物理學家，1800年3月20日宣佈發明了伏特電堆，這是歷史上的神奇發明之一。

壺蓋衝開的蒸汽機

簡單蒸汽機主要由汽缸、底座、活塞、曲柄連桿機構、滑閥配汽機構、調速機構和飛輪等部分組成。從鍋爐來的新蒸汽，經主汽閥和節流閥進入滑閥室，受滑閥控制交替地進入汽缸的左側或右側，推動活塞運動。

瓦特1736年1月19日出生於英國蘇格蘭的一個小鎮——格林諾克城。在他的故鄉，家家戶戶都是生火燒水、做飯。對這種司空見慣的事，有誰留心過呢？

小瓦特就留心過，而且從中受到了很大的啟發。他幫助祖母做飯時，發現廚房灶上的水壺裡時常沸騰著開水。開水不住沸騰著，壺蓋啪啪啪地作響，不停地往上跳動。

每當這時，瓦特就會觀察好半天，而且很奇怪，不知道水壺裡到底有什麼東西，使得壺蓋如此劇烈地亂跳？有一天，他實在忍不住了，就問祖母：「是什麼使壺蓋跳動？」

祖母想也沒想就回答：「水開了，所以就會跳啊！」

瓦特還是不明白，他追問：「為什麼水開了壺蓋就跳動？是什麼東西推動壺蓋呢？」

祖母正忙著做飯，哪有時間理會好奇的瓦特，她一面倒水，一面吩咐說：「小孩子問這麼多做什麼？有什麼用嗎？還不快去幫我提水！」瓦特沒有得到答案，心裡很不舒服，他只好默默地走出去幫祖母提水。

然而，他心裡一直沒有放下這個問題，他一直在想，到底是什麼東西使壺蓋跳動？

接下來的幾天，他一直蹲在火爐旁邊細心地觀察著。他發現，水壺裡剛剛裝滿水放到爐子上時，壺蓋很安穩，一點動靜也沒有。過了一會兒，壺裡發出嘩嘩的水響聲，但是壺蓋還沒有動。不一會兒，壺裡的水開了，一股強大的水蒸汽冒出來，推動壺蓋開始跳動。隨著蒸汽不住地往外冒，壺蓋也不停地跳動著，好像有魔法的舞蹈一般。

看著這個過程，瓦特高興地幾乎叫出聲來，他不停地揭開壺蓋，再蓋上，

反覆多次，以求驗證壺蓋跳動的原因。終於他發現，水蒸汽是推動壺蓋跳動的力量。除此之外，別無他因。當時，他還把廚房的杯子、鐵勺等放到水蒸汽噴出的地方，觀察它們跳動的情況。

就在瓦特不知疲倦地觀察水蒸汽時，祖母走了過來，奇怪地看著他說：「這孩子，怎麼這麼調皮，在這裡玩起水壺來了。小心燙傷你，快到別處去玩吧！」

不明就裡的祖母還以為瓦特在玩水壺呢！根本沒有想到這是小瓦特在進行科學觀察和試驗。

瓦特一直沒有忘記這件事。

後來，瓦特長大了，他把當時較為簡陋的蒸汽機改為發動力較大的單動式發動機。1782年，經過多次反覆研究後，瓦特完成了新的蒸汽機的試製工作。機器上有了聯動裝置，把單式改為旋轉運動，完美的蒸汽機發明成功了。

蒸汽機是將蒸汽的能量轉換為機械能的往覆式動力機械。它最早出現於17世紀末，當時主要用於礦井提水。1705年，紐科門及其助手卡利在發明了大氣式蒸汽機，但此種蒸汽機熱效率很低，耗損極大，無法獲得人們的青睞。

後來，瓦特在此基礎上進行了改裝和創造，發明了新式蒸氣機，使世界進入了所謂的「蒸汽機時代」。蒸汽機的出現，引起了18世紀的工業革命。

直到20世紀初，它仍然是世界上最重要的原動機，後來才逐漸讓位於內燃機和汽輪機等。

詹姆斯·瓦特（西元1736年～1819年），英國著名的發明家，是工業革命時期的重要人物。發明了單缸單動式和單缸雙動式蒸汽機、氣壓錶、汽動錘，後人為了紀念他，將功率的單位稱為瓦特，常用符號「W」表示。

法拉第的電動機效益

發電機是將其他形式的能源轉換成電能的機械設備，它由水輪機、汽輪機、柴油機或其他動力機械驅動，將水流、氣流、燃料燃燒或原子核裂變產生的能量轉化為機械能傳給發電機，再由發電機轉換為電能。

法拉第是英國科學家，他發明了世界上第一架發電機，在電學領域做出傑出貢獻，備受人們尊崇。然而，這位科學家的成長之路充滿艱辛，他自學成材的故事更是激勵過無數年輕人。

法拉第出生在一個貧窮的鐵匠家裡，兄妹九人，生活非常困難。所以，他無法接受完整的教育，只是斷斷續續上過幾年小學。14歲時，父親想讓他跟著自己學做鐵匠，將來也好成為手工藝者，有個謀生的技能。但是法拉第渴望讀書，不願意跟隨父親學做鐵匠，為此他拒絕父親的要求。父親很生氣，斥責他說：「你的哥哥們都是從14歲開始學做鐵匠的，你也要學，你的弟弟長大了也要學，這是我們家男人的傳統。」

法拉第反駁說：「我想讀書，不想當鐵匠。」

父親說：「讀書要花錢，還沒有用處，為什麼要讀書？」

法拉第理直氣壯地說：「讀書有用，讀書可以增長知識。」

然而，父親為生活所逼，依然不肯同意他去讀書。

這天，法拉第的哥哥回家，高興地對法拉第說：「有家書店正在招學徒，你不是想讀書嗎？可以一邊工作一邊讀書。」

　　法拉第一聽，立即跟隨哥哥到了書店。果然，書店正在招學徒，學習書本裝訂技術。法拉第想也沒想就報了名。

　　通過測試，法拉第如願以償進了書店當學徒。從此，他日夜泡在書店裡，只要一有機會就抱起書本閱讀。他尤其喜歡讀物理學和化學方面的書。此外，還經常去聽各種科普主題的報告和演講。

　　7年後，年輕的法拉第已經透過自學，掌握了很多物理和化學知識，又在皇家學院的化學家大衛身邊得到了一份工作。之後，他一面繼續工作，一面學習，科學視野也漸漸地開闊起來。

　　法拉第在協助大衛工作的同時，開始獨立從事一些試驗，並逐漸取得一定成果。他發現了苯，還發現了電磁感應現象，並開始研究電流的化學作用。1833年，法拉第發現了電流化學的兩個定律，後來這兩個定律就以他的名字命名。1845年，他又研究發現了抗磁性。

　　雖然聲名鵲起，法拉第對知識的追求依然非常執著，常常為了一項科學研究，進行百折不撓地試驗，這在有些急功近利的人看來毫無用處，因此往往不能理解他。

　　有一次，他的一個熟人、稅務官格拉道斯通，看到法拉第在做一個在他看來毫無實用價值的實驗，便問道：「花這麼大的力氣，即使成功了，又有什麼用呢？」法拉第回答說：「你看吧，不久你就可以收稅了。」他對自己的研究充滿信心。

　　儘管取得了輝煌成就，法拉第卻不為名利所動，保持著謙謹之心，先後拒絕了各種誘人的建議。他拒絕高達十二倍的工資誘惑，拒絕英國貴族院授予他

的貴族封號，拒絕皇家學院聘請他為學會主席。他對妻子說：「上帝把驕矜賜給誰，那就是上帝要誰死。我的父親、兄弟都是手藝人，為了讀書，我小時候到書店當學徒。我的名字叫邁克爾‧法拉第，將來，刻在我的墓碑上的也唯有這個名字而已！」

法拉第發現的電磁感應現象，奠定了日後電工業發展的基礎，他發明的發電機，更是直接推動了電工業的進程。

在現代社會中，電能是最主要的能源之一，如何得到更多電能，是科學家們苦苦追索的任務之一。而發電機，能夠將其他形式的能源轉換成電能，實現人們的理想，所以非常實用和重要。目前，發電機在工、農業生產、國防、科技及日常生活中有廣泛的用途。

發電機的形式林林總總，工作原理都基於電磁感應定律和電磁力定律。因此，它的構造原則通常是用適當的導磁和導電材料構成磁路和電路，互相進行電磁感應，產生電磁功率，達到能量轉換的目的。發電機大多由水輪機、汽輪機、柴油機或其他動力機械驅動，可以轉換的能源也很多，水流、氣流、燃料燃燒或原子核裂變產生的能量均可轉化為電能。

邁克爾‧法拉第（西元1791年～1867年），19世紀最偉大的實驗科學家之一，英國物理學家、化學家，也是著名的自學成材的科學家。發電機創始人。

飛翔的萊特兄弟

飛機指的是具有機翼和一具或多具發動機，靠自身動力在大氣中飛行的重於空氣的航空器。大多數飛機由五個主要部分組成：機翼、機身、尾翼、起落裝置和動力裝置。

1877年耶誕節，小萊特兄弟收到了父親的禮物——一個飛螺旋。兄弟倆很開心，拿著飛螺旋不停地玩，看它飛上飛下，真是太神奇了。從此，在他們年少的心裡埋下一顆種子——除了鳥之外，還有東西可以飛起來。

長大後，兄弟倆經營一家自行車修理店，他們一邊工作一邊研究飛行的資料，掌握了大量航空方面的知識。1900年，他們透過觀察老鷹在空中飛行的動作，設計製成了第一架滑翔機。兄弟倆很高興，把它帶到偏遠的地帶去試飛，不過飛行高度只有1公尺多。

隨後，兄弟倆經過多次改進，又製成了一架滑翔機，再次試飛時，竟然飛到180公尺的高度。這兩次雖然成功了，但都是在風力作用下飛起來的。能不能製造一種不用風力也能飛行的機器呢？他們陷入了更艱難的探索之中。有一天，車行前停了一輛汽車，司機向他們借工具修理汽車的發動機。弟兄倆看到汽車，靈機一動，能不能用汽車的發動機來推動飛行？

於是，他們開始鑽研發動機，為了減輕發動機的重量，他們專門請一位工程師製造出一部12馬力、重量只有70公斤的汽油發動機。經過無數次的試驗，他們終於把發動機安裝在滑翔機上。1903年9月，他們乘坐著這架新「飛機」試飛，可惜失敗了。失敗沒有擊倒這對兄弟，他們反而投入更多精力來研究試製飛機。在總結經驗和不斷探索的基礎上，1903年12月14日，他們帶著改進的飛

機再次試飛，飛機飛行了4分鐘。17日，他們再次試飛，這次飛行了59秒，距離達到255公尺。人類歷史上的第一次飛行終於獲得成功。

1908年9月10日，萊特兄弟駕駛飛機進行了飛行表演，他們在76公尺的高度飛行了1小時14分，並且搭載了一名勇敢的乘客。當它著陸之後，人們從四面八方圍了過來，慶祝飛行成功。不久，萊特兄弟在政府的支持下，創辦了一家飛行公司，從此以後，飛機成了人們又一項先進的運輸工具。飛機指的是具有機翼和一具或多具發動機，靠自身動力在大氣中飛行的重於空氣的航空器。

大多數飛機由五個主要部分組成：機翼、機身、尾翼、起落裝置和動力裝置。其中動力裝置主要用來產生拉力或推力，使飛機前進；還可以為飛機上的用電設備提供電力，為空調設備等用氣設備提供氣源，是飛機的「心臟」。起落裝置又稱起落架，是用來支撐飛機並使它能在地面和其他水平面起落和停放。機翼、機身和尾翼則相當於人體的軀幹和四肢，是構成飛機的主體部分。除了上述五個主要部分之外，飛機上還裝有各種儀錶、通訊設備、導航設備、安全設備和其他設備等。

哈恩（西元1879年～1968年），德國化學家。最大的貢獻是1938年和F.斯特拉斯曼一起發現核裂變現象。為此，哈恩獲得1944年諾貝爾化學獎。

電腦之父

電子電腦，簡稱電腦，俗稱電腦，是一種電子化的計算工具。電子電腦是根據預先設定好的程式來進行資訊處理的一種設備。

1946年發明的電子電腦，大大促進了科學技術的進步，大大促進了社會生活的進步。在鑑於諾依曼在發明電子電腦中所產生的關鍵性作用，他被譽為「電腦之父」。

諾依曼天生聰慧，智力超群，3歲就能背誦父親帳本上的所有數字，8歲學會微積分，11歲時就成為當地有名的神童，因此父親竟然無法為他請到家庭老師，沒有人認為自己還有什麼可以教這個孩子的。後來，他的數學老師為他推薦了一位數學教授，從此，諾依曼開始了他專攻數學的生活。18歲那年，他就拿到了布達佩斯大學數學博士學位，之後又開始鑽研物理學，最終橫跨「數、理、化」，成為少見的全才。

30歲時，他與愛因斯坦一起，被聘為普林斯頓高等研究院第一批終身教授，是六名大師中最年輕的一名。

在這所著名研究院，諾依曼在數學、物理各方面都做出了重要貢獻。當美國發明了世界上第一台電子電腦之後，美國的大學、研究機構與軍方相繼研究製造了十幾台電子電腦。這件事情引起諾依曼極大關注，他認為速度超過人工計算千萬倍的電子電腦的出現，有可能會把一些傳統上相當難處理的繁雜運算，變得可計算，變得輕鬆簡便。

於是，他投入電腦的研製工作中。1945年，他寫了一篇長達101頁的科學報

告，這就是電腦史上著名的「101頁報告」，刻畫出現代電腦的體系結構，是現代電腦科學發展的里程碑。

然而，諾依曼的研究引起了很多同事的不諒解。有一次，大數學家外爾在課堂上大聲對學生說：「過去的諾依曼數學做得多麼好，可是如今不務正業！」嚇得學生趕緊把教室的門關上，因為諾依曼的辦公室就在教室的對面。

雖然有這麼多人不諒解自己，但諾依曼是個溫和的人，他並不會直接反駁他人的觀點，而是默默地繼續自己的努力。經過艱苦工作，諾依曼帶領他的同伴們成功研製了第一台現代電腦，速度和性能比以往的電腦大大提升。

但是，他明白普林斯頓高等研究院是理論研究聖地，絕非電腦科學和計算數學出頭的好地方。他決定離開普林斯頓，前往首都華盛頓就職。為了安置自己的電腦，他選中了附近的普林斯頓大學。普林斯頓大學很樂意接受諾依曼的「禮物」，並承諾保持機器正常運轉。然而，事情並沒有想像的那麼簡單，普林斯頓大學很快就發現，想要維持電腦的運轉，維護費用一年竟高達十萬美元！

諾依曼去世後，普林斯頓大學立即關閉了電腦，並把它看做「食之無味，棄之可惜」的一堆廢鐵。IBM公司聽說後，趁機索取，果然如願以償。因為擁有當年諾依曼的電腦，IBM很快在製造電子電腦的廠商中鶴立雞群，鋒芒畢露。此時，普林斯頓大學後悔莫及，當年IBM沒有拆走的、釘在牆上的6英吋的電腦的開關控制器，成為僅存的珍貴文物。

電子電腦，簡稱電腦，俗稱電腦，是一種電子化的計算工具。

就目前而言，電子電腦是根據預先設定好的程式來進行資訊處理的一種設備。電子電腦分為巨型電腦（又稱「超級電腦」）、大型電腦、中型電腦、小型電腦、微型電腦。

1945年，美國奧伯丁武器試驗所為了滿足計算彈道需要，生產了第一台全自動電子數位電腦「埃尼阿克」，它採用電子管做為電腦的基本元件，每秒可進行5000次加減運算。它使用了18000支電子管，10000個電容，7000個電阻，體積3000立方英尺，佔地170平方公尺，重量30噸，耗電140～150千瓦，是一個名副其實的「龐然大物」。

之後，經過諾依曼等科學家的努力，才研製成功了現代電腦。隨後，電腦技術得到迅速發展，電腦產業應運而生。

約翰·馮·諾依曼（西元1903年～1957年），美籍匈牙利人，被譽為「電腦之父」，其精髓貢獻有兩點：二進位思想與程式記憶體思想。

比爾・蓋茲
加速了網際網路發展

網際網路（Internet）是一組全球資訊資源的總匯。Internet以相互交流資訊資源為目的，基於一些共同的協議，並透過許多路由器和公共網際網路而成，它是一個資訊資源和資源分享的集合。

　　比爾・蓋茲13歲時，所在中學西雅圖湖濱中學首先開設了電腦課程。不過，當時並沒有PC機，只有一台終端機。儘管如此，這台機器還是給年少的比爾・蓋茲帶來了無限喜悅。他像發現了新大陸一樣，只要有時間就鑽進機房去操作那台終端機，常常忘了吃飯和休息。

　　不久，他竟然獨立編寫了第一個電腦程式，可以在電腦上玩月球軟著陸遊戲。這年美國人實現了登陸月球的夢想，受此影響，小比爾・蓋茲不由得心想：我不能坐太空船去月球，那麼讓我用電腦來實現我的登月夢吧！

　　遊戲吸引了很多同學，大家都誇獎比爾・蓋茲的才能。可是好景不常，過了半年，由於學校支付不起昂貴的終端機使用租金，只好停止使用。這件事給比爾・蓋茲帶來很大影響，他常常想：要是電腦能夠便宜一些，大家就都能使用了。

　　為了能夠繼續操作電腦，他和同學幾經打聽，終於找到一個機會，這個工作就是幫助一家名為CCC的電腦公司抓「臭蟲」，用除蟲的報酬來支付他們操作電腦的費用。誰能想到，這個看似簡單的工作竟然影響了比爾・蓋茲的一生，影響了電腦軟體事業的進程，進而間接地給整個世界和人類帶來了影響。

何謂「臭蟲」呢？最初的電腦非常巨大，大到可以佔據一整個房間，而電腦內部在運轉時會產生大量的熱量，因此吸引了不少的小蟲進去築窩產卵。這些蟲子在電腦中活動，常常會使電腦發生故障，因此，人們需要定時的清理這些小蟲，以保持電腦的正常運轉。之後，這一說法沿襲下來，人們把電腦軟體中出現的錯誤也叫做「臭蟲」（bug）了。

比爾・蓋茲很高興自己又能操作電腦了，每天放學後，他就約著愛好電腦的同學趕往公司，趁他們下班的時候除「蟲」。這家公司有不少終端機，還有各種軟體，在那裡，比爾・蓋茲如魚得水，盡情研究軟體、操作機器，常常一待就是一個晚上。他記下發現的一個個「臭蟲」，並且思索著軟體的改進工作。這段時間的課外工作，無疑使比爾・蓋茲掌握了電腦硬體和軟體方面的很多知識和技能，為他日後研究開發軟體打下了堅實的基礎。

兩年後，15歲的比爾・蓋茲因電腦才能而聞名當地，有家公司上門聘請他為公司設計軟體，報酬是他可以在一年時間內免費使用公司的電腦。對此，比爾・蓋茲格外激動，欣然前往。一年的學習和研究，使他的電腦才能更進一步，從此，他與電腦軟體結下不解之緣，透過不斷努力和實踐，成為軟體方面的專家。

後來，比爾・蓋茲考上大學，但他很快感覺到軟體業即將成為這個世界的潮流，他不能把寶貴的時間浪費在大學裡，而錯過最好的時機。因此，他毅然休學，在開發電腦軟體方面辦起了公司，跨過一個個困難的高峰，使他的微軟公司開發出領導世界新潮流的許多新型號電腦的硬、軟體，產品迅速風行全球，推動了電腦產業的迅速發展。

20世紀60年代末，正處於冷戰時期。當時美國軍方為了讓自己的電腦網路

在受到襲擊時，即使部分網路被摧毀，其餘部分仍能保持通信聯繫，便由美國國防部的高級研究計畫建設了一個軍用網，叫做「阿帕網」（ARPAnet）。

阿帕網於1969年正式啟用，當時僅連接了4台電腦，供科學家們進行電腦聯網實驗用。這就是網際網路的前身。

隨後，美國國防部又設立了新的研究項目，打算用一種新的方法將不同的電腦局域網互聯，形成「互聯網」。研究人員稱之為「internetwork」，簡稱「Internet」，中文翻譯為網際網路。這個名詞一直沿用到現在。

目前，Internet已成為規模最大的國際性電腦網路。

今天，Internet已連接60000多個網路，正式連接86個國家，電子信箱能通達150多個國家，有480多萬台主機透過它連接在一起，用戶有2500多萬，每天的資訊流量達到萬億比特（terrabyte）以上，每月的電子信件突破10億封。

古列爾莫・馬可尼（西元1874年～1937年），義大利電氣工程師和發明家。無線電發明人，1909年他與布勞恩一起獲得諾貝爾物理學獎。

偷竊激發的人造金剛石

天然金剛石的形成和發現極為不易，它是碳在地球深部高溫高壓的特殊條件下歷經億萬年的「苦修」轉化而成的，由於地殼的運動，它們從地球的深處來到地表，蘊藏在金伯利岩中，進而被人類發現和開採。

莫瓦桑是法國一位頗負盛名的化學家，他曾經先後製造了單質氟，發明了高溫電爐，成就顯著。然而，在科學的道路上，他仍舊一如既往地孜孜進取，不肯沉溺於以往的榮耀，經過艱辛努力，他發明了人造金剛石。

有一天，莫瓦桑像往常一樣走進實驗室，進行一項化學實驗。在準備試驗前的各項工作時，助手突然叫起來：「不好了，鑲有金剛石的工具不見了。」他一喊，大家都跟著緊張起來。他說的工具是試驗中需要的特殊器具，因為鑲有金剛石，非常昂貴，因此大家一向都是倍加愛護，不敢大意。

莫瓦桑立即和大家一起尋找，試圖找出那個金剛石工具。就在這時，助手又驚叫起來：「啊？你們看，門好像被撬過了！難道有小偷光顧？」

莫瓦桑順著助手手指的方向望去，仔細一看，可不是，門鎖很明顯被人撬開過。看來，是小偷看上那昂貴的金剛石，偷走了。

這次意外延誤了試驗，卻也使莫瓦桑萌生了一個念頭：天然金剛石稀少而昂貴，如果能人工製造金剛石，該有多好！

這個想法無疑是天方夜譚，莫瓦桑心裡很清楚，「點石成金」不過是美好的神話。想要製造出堅不可摧的金剛石，談何容易！

　　但是，莫瓦桑沒有退縮，而是勇敢地面對新問題，開始了艱苦的探索和試驗過程。他首先翻閱許多的資料，從中瞭解到，金剛石的主要成分是碳，其他的相關資料就很少了，而只有化學家德佈雷曾提出金剛石是在高溫高壓下形成的。

　　接著，莫瓦桑開始尋找製造金剛石的原物料。選什麼材料才合適呢？還從未有人做過這方面的嘗試，看來，一切要靠自己摸索了。

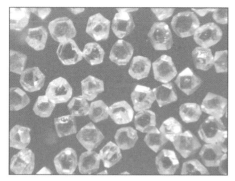

　　有一次，莫瓦桑參加了有機化學家和礦物學家查理‧弗里德爾在法國科學院做的一個關於隕石研究的報告。報告中，他聽查理‧弗里德爾說：「隕石實際上是大鐵塊，它裡面含有極少數的金剛石晶體。」聽到此話，莫瓦桑猛然想到石墨礦也像隕石一樣，常混有極微量的金剛石晶體，那麼，在隕石和石墨礦的形成過程中，是否可以產生金剛石晶體呢？

　　有了這個想法，莫瓦桑開始在頭腦中勾勒製造人造金剛石的設想：金剛石的主要成分是碳。隕石裡含有少量金剛石，而隕石的主要成分是鐵。那麼可以把程序倒過去進行試驗，把鐵熔化，加進碳，使碳處在高溫高壓狀態下，看能不能產生金剛石。

　　想到做到，莫瓦桑帶著助手開始了歷史上第一次人工製造金剛石的實驗。他們經過無數次試驗後，終於成功了。從此，人造金剛石誕生了，並日益在社會生活中發揮它堅不可摧的威力。

在自然界，天然金剛石是碳在地球深部高溫高壓的特殊條件下歷經億萬年轉化而成的，由於地殼的運動，它們有可能會從地球的深處被送上地表，進而被人類發現和開採。

可是，天然金剛石太稀少了，價值昂貴，無法滿足人們的需要，所以，從18世紀末以來，人們不斷對它進行研究，發現金剛石竟然是碳的一種同素異形體，從此，製造人造金剛石成為許多科學家的光榮與夢想。

19世紀，莫瓦桑發明了第一顆人造金剛石後，更多的科學家開始在此領域內探索研究。

1955年，美國通用電氣公司專門製造了高溫高壓靜電設備，得到世界上第一批工業用人造金剛石小晶體，進而開創了工業規模生產人造金剛石磨料的先河；不久，杜邦公司發明了爆炸法，利用暫態爆炸產生的高壓和急劇升溫，也獲得了幾毫米大小的人造金剛石。

安培（西元1775年～1836年），法國物理學家，對數學和化學也有貢獻。發現了安培定則、電流的相互作用規律，發明了電流計、提出分子電流假說，總結了電流之間的作用規律——安培定律。

韋奇伍德的複寫人生

複寫紙又名印藍紙、藍靛紙和碳素紙，用韌薄的原紙以蠟料和色料混合製成的塗料加工而成，可供書寫和列印一式多份的文件、報表套寫單據、開發票等。

19世紀以前，複寫紙還沒有發明，那時，人們不管書寫什麼，都只能一個字一個字地寫，既麻煩又費力，十分不便。這個情況同樣出現在一個英國人身上，他叫韋奇伍德，是倫敦一家文具商店的老闆。他經營的商店有不少固定客戶，為了即時向這些客戶介紹新產品，韋奇伍德不得不經常寫信給他們，介紹店裡新進的各種文具。這些信的內容幾乎一樣，但卻要他一封一封地書寫，非常煩人。

這天，韋奇伍德又在寫信給客戶，他已經寫了十封內容相同的信了，可是屈指一算，還有將近二十個客戶的信還沒寫。要寫完所有的信，估計得等到明天。他一邊想著，一邊揉揉酸痛的手腕，嘆口氣說：「唉，信一模一樣，要是同時寫完該多好。」

韋奇伍德放下筆，翻翻書寫的紙張，突然看著下面紙上留下的字痕，靈機一動，他想：這些字痕很清晰，如果它們也能像上面寫的字一樣，顯示出顏色來，不就等於一次寫了兩封信嗎？

想到這裡，他大為激動，立即著手想辦法實現這個目標。經過一段時間的琢磨，他想出一個辦法。他將一張薄紙放在藍墨水中浸潤，然後夾在兩張吸墨紙中間使之乾燥，這樣，這張紙上就帶有了墨水的顏色。書寫時，將其墊在一般紙之下，就輕鬆地獲得了複製件。試驗成功後，韋奇伍德非常高興，他還在1806年申請獲得了「複製信函文件裝置」的專利權。

當時，英國的商業活動已很發達，對於這項新發明十分歡迎，複寫紙立刻在商業領域展示出極大的用途。韋奇伍德見此，乾脆辦了一家工廠，專門生產這種特殊紙張。

不久，複寫紙傳到世界各地。法國人改用甘油和松煙滲透進紙裡的方法製造複寫紙，到了1815年，德國人又進行了革新，選擇韌性極大的薄紙，用熱甘油和煤焦油中提煉的染料，細磨調研，製成塗料，塗在薄紙上，製成新的更好用的複寫紙。隨後，人們又在這種塗料中加入蠟料，降低其黏度，使得複寫紙更加方便耐用。到了1954年，美國一家公司研製出了無碳複寫紙，成為當今複寫紙的首選。

複寫紙的發明與其應用息息相關，體現了發明在人類生活中不可缺少的作用。確實，複寫紙自從發明以來，廣泛應用在商業、工業、教育界等各個領域，可供書寫和列印一式多份的文件、報表、填寫單據、開發票等。

傳統複寫紙，又名印藍紙、藍靛紙或碳素紙，它的主要原料是原紙和塗料。原紙又稱紙坯，是用亞硫酸木漿和部分麻漿，或用龍鬚草漿製成的機制紙，無砂眼、質地均勻，並具有一定的拉力和適當的吸油性能。塗料由油料、蠟料、色料三種配製而成，各種成分具有不同的作用，油料可幫助蠟料與色素混合、顯色、保存等等，蠟料能保持硬度、增加耐寫性、保持光滑等。

達爾文（西元1809年～1882年），英國博物學家，進化論的奠基人，著有《物種起源》。提出了生物進化論學說，被列為19世紀自然科學的三大發現之一。

太空計畫中鉛筆的由來

鉛筆就是一種以石墨或加顏料的黏土做成的筆芯為書寫介質，用於讀書、辦公、工程製圖、美術、繪畫、各種標記等的書寫或繪畫工具。

當年，美國太空總署為了發展太空計畫，曾經對外發出過一個消息，徵求一種能讓太空人使用的筆。在徵求意見裡，他們提出了很苛刻的條件，這種筆必須任何方向，不論是向上、向下都可以操作，而且，即使在無重力或在真空狀態下皆可流利書寫，還有，這種筆永遠不用換墨水，因為太空中缺乏引力，無法吸墨水。最後，他們說：「如果有人能發明這種筆，總署將不計任何代價去支持他。」

消息發出後，總署耐心等待著，他們知道，一定有許多科學家投入緊張的試驗和研究中，也許不久就會有人前來揭曉謎底。

果然，三天後，總署就收到了來自德國的信函，他們有些奇怪，有人甚至還說：「不會吧，什麼人這麼厲害，短短三天就發明出太空筆來？」

有些人說：「看一看就知道了，也許只是個想法。」

還有些人沉默不語，他們認為來信可能與太空筆無關。

帶著各種猜測，總署的人打開了信函，只見上面寫著短短的幾個字：「試過鉛筆沒有？」

1564年，在英格蘭的巴羅代爾，一場猛烈的暴風雨後，人們驚訝地發現，在一棵倒下的大樹根部，有著一片似煤非煤的東西，從此，人們發現了石墨。

石墨是黑色的，能像鉛一樣在紙上留下痕跡，而且比鉛的痕跡要黑許多，所以，當時人們稱石墨為「黑鉛」。當地的牧羊人常用石墨在羊身上做記號，受此啟發，人們把石墨塊切成小條，用來寫字、繪畫，聰明的商人們也開始叫賣這些「印石」。後來英王喬治二世得知這一用品，特地找來石墨試用，覺得非常的順手，就把石墨礦收為皇室所有，把石墨定為皇家的專利品。

但是，石墨條寫字也有不足，容易弄髒手，而且很易折斷。於是不少科學家努力鑽研，試圖解決這個難題。到了1761年，才由德國化學家法伯攻克了這個難關，他不再使用單純的石墨條，而是將石墨沖洗成石墨粉，然後與硫磺、銻、松香混合，再將混合物製成條狀，這就是最早的鉛筆。它的韌性增大，也不大容易弄髒手。

這種鉛筆發明後，世界上只有英、德兩國能夠生產。到了1790年，拿破崙發動戰爭時，從英、德兩國得到了這種小東西。可是，自己的國家還不能生產這小東西的事實讓拿破崙非常憤怒，他下令法國的化學家孔德在自己的國土上找到石墨礦，並製造鉛筆。

孔德受命後，幾經努力，終於在法國找到了石墨礦。可是礦質太差，儲量又少，想要生產出與英、德同樣品質的鉛筆，恐怕有些難度。於是孔德經過多次試驗，在石墨中摻入黏土，放入窯裡燒烤，製成了一種既好看又耐用的鉛筆芯。這讓他大為高興，進行了更深入的試驗，結果發現，在石墨中摻入的黏土比例不同，生產出的鉛筆芯的硬度也就不同，顏色深淺也不同。所以，他發明創製了幾種不同的筆芯，並用字母標註，標有H的，表示硬性鉛筆；標有B的，表示軟性鉛筆；標有HB的，表示軟硬適中的鉛筆。這種方法一直沿用至今。

後來，美國的工匠威廉姆‧門羅給鉛筆套上了木桿外套。他先製造一種能

切出木條的機械，然後在木條上刻上細槽，將鉛筆芯放入槽內，再將兩條木條對好、黏合，筆芯就被緊緊地嵌在中間。這就是我們今天使用的鉛筆了。

因為物美價廉、便於攜帶，鉛筆很快就為大家所接受，直到今天，人們還離不開它。光在美國，每年就要生產15億支呢！鉛筆發明後，因其好看耐用、書寫方便，進而廣受歡迎，用途很廣，成為最常見、最普及的用於讀書、辦公、工程製圖、美術、繪畫、各種標記等的書寫或繪畫工具。鉛筆的種類很多，按性質和用途可分為石墨鉛筆、顏色鉛筆、特種鉛筆3類。

石墨鉛筆是鉛筆芯以石墨為主要原料的鉛筆。可供繪圖和一般書寫使用。顏色鉛筆是指鉛芯有色彩的鉛筆。鉛芯由黏土、顏料、滑石粉、黏著劑、油脂和蠟等組成。用於標記符號、繪畫、繪製圖表與地圖等。

特種鉛筆包括玻璃鉛筆、變色鉛筆、炭畫鉛筆、曬圖鉛筆、水彩鉛筆、粉彩鉛筆等，各有其特殊用途。比如玻璃鉛筆用於在玻璃、金屬、搪瓷、陶瓷、皮革、塑膠等表面書寫或做標記。變色鉛筆適用於繕寫長期保存的重要文件，記載帳目。曬圖鉛筆可發揮遮光作用，用於繪圖後直接曬圖。

里斯（西元1880年～1956年），匈牙利數學家。泛函分析創始人之一，1907年他和菲舍爾相互獨立地得到了著名的里斯──菲舍爾定理，是早期量子論數學理論基礎方面的一個重大貢獻。

卡爾遜的靜電複印技術

靜電複印技術利用光電導敏感材料在曝光時按影像發生電荷轉移而存留靜電潛影，經一定的乾法顯影、影像轉印和定影而得到複製件。

在科學史上，許多創造發明並非出自科學家之手，而是一般人在不斷思考和努力下的創作成果。

下面講述的靜電複印技術的發明故事，就是一個例子。

卡爾遜出生在1906年，他是美國西雅圖人。十幾歲時，父母雙雙罹患重病，不能照顧家庭，少年的卡爾遜挑起家庭的重擔，每天早起晚睡，奔波於許多份工作之間。他在商店擦櫥窗、到報社打掃環境、在印刷廠當學徒──總之，只要能夠賺到錢的工作，他都會不辭勞苦地去做，以撫養雙親，養家糊口。就這樣，透過艱辛的工作，卡爾遜不但養活了家人，還進入加利福尼亞州理工學院念書，並取得物理學士學位。

畢業後，卡爾遜幾經周折，好不容易找了一份辦公室的工作，每天打字、抄發文件、送圖表去照相和沖洗等等，工作瑣碎而繁重，十分累人。卡爾遜從小做過不少苦差事，深知工作的艱苦和沉重，面對手中的工作，聯想到自己學過的物理知識，他經常想：辦公室工作太複雜了，要是能夠發明一種技術，可以減輕辦公室工作人員的負擔，那該多好。

有一天，卡爾遜拿著圖表外出沖洗，沖洗圖片太複雜了，一直等了3個小時才沖洗完畢。可是等他回到辦公室時，公司經理又給他一張圖表，並命令他盡快沖洗好。卡爾遜只好再次去等候沖洗。結果，那天他來來回回好幾趟，經理

安排的打字和抄發文件工作都來不及完成，只好加班工作。

夜深了，卡爾遜想起一天奔波忙碌，成效甚微，感嘆道：「要是有簡易照相方法，不是可以節省很多時間嗎？」

有了這個想法，卡爾遜在工作之餘，開始鑽研和探索。為了證實自己的理論，卡爾遜租了一間小屋做實驗室，並以自己微薄的薪水購置了試驗器材和藥品，開始了艱辛的試驗工作。

透過多次努力，他找到了適合試驗的材料和方法。

他在一塊金屬板上塗上硫膜，用手帕在上面進行擦拭，靠磨擦使硫膜帶上電荷，然後將一塊上面寫著字的玻璃板放在硫膜上，打開白熾燈照射，3秒鐘後，他拿開玻璃板，在硫膜上撒上石松子粉。這時，奇蹟出現了，硫膜上顯示出與玻璃板上同樣的字！試驗還沒有結束，他又將蠟紙蓋在硫膜上，加熱使蠟紙上的蠟熔化，等到冷卻後，蠟紙上留下了與玻璃板上同樣的字，這個圖像會長久保留。試驗成功了，卡爾遜異常高興，他為這種以前從未有過的照相方法，取名「電攝影」。他從理論上證明了靜電照相的可能性，並於1937年正式申請了「靜電攝影法」的專利權。

然而，當卡爾遜帶著自己的試驗成果，與各家公司洽談合作發展這項技術時，卻遭到了很多阻力。這些公司認為卡爾遜設計的簡易影印機太簡單了，簡直就是玩具，因此絲毫不感興趣。

卡爾遜為了推廣自己的發明，不辭勞苦地奔波在各家公司之間，他還親自到俄亥俄州哥倫布市的Battle紀念學院表演了他的發明，Battle紀念學院勉強同意與他合作發展該項技術。為了做試驗和研究，卡爾遜失去了工作，這時的他一

貧如洗，但是為了維持研究，他不惜向親友借貸，依然不肯放棄自己的夢想和追求。

1947年，終於有家小公司願意和他攜手合作。1949年，他們研製出了世界上第一台硒板靜電影印機產品，並於1950年開始在市場上出售，從此，靜電複印技術從實驗室走上了實用的階段。

在複製影像時，利用光電導敏感材料將其曝光，這時，原稿上的影像會發生電荷轉移，進而在材料上存留靜電潛影，然後，透過一定的乾法顯影、影像轉印和定影，會得到原稿的複製件，這個過程就是靜電複印技術。

靜電複印技術可分為直接法和間接法兩種。前者是將原稿的圖像直接複印在塗有氧化鋅的感光紙上，因此又稱塗層紙影印機；後者是將原稿圖像先變為感光體上的靜電潛像，然後再轉印到普通紙上，故又稱普通紙影印機。

目前，世界各國以乾式間接法靜電複印技術為主。這種複印技術的過程包括四個步驟，首先使複印材料均勻充電，用原稿進行反射曝光；然後做乾法顯影處理，得到靜電潛像；最後用白紙覆蓋在複印材料上，再次充電，轉印影像；最後透過暫態加熱，使調色劑固定，達到定影效果。

門捷列夫（西元1834年～1907年），俄羅斯化學家。他大約花了20年的時間，終於在1869年發表了元素週期律，制訂了化學元素週期表，這是門捷列夫對化學的主要貢獻。

有關電話之父的訴訟

在高頻電磁振盪的情況下，部分能量以輻射方式從空間傳播出去所形成的電波與磁波的總稱叫做「電磁波」。

電話方便了人們的生活，使遠隔千山萬水的人能如同面對面般地交談，它也是現代文明的重要標誌之一。

人們所熟知的電話發明者名叫貝爾，是個英國人。他年輕時跟父親從事聾啞人的教學工作，曾想製造一種讓聾啞人用眼睛看到聲音的機器。這一點啟發了他對聲音的敏感性。

1837年莫爾發明電報之後，很快地得到了廣泛的傳播。但是這種方式必須要將內容譯成電碼發出，之後再從電碼翻譯成文本，比較麻煩。因此，人們開始鑽研直接交換聲音的方式，也就是今天所謂的電話。然而，很多的發明家做了無數的試驗，都失敗了。

大約在1860年，德國一位叫萊斯的發明家有了新的突破，他第一次成功地用電流傳送了一段旋律。他後來為這個裝置取了個名字，叫做「telephone」，這個名字就成了後來電話的名字，一直沿用至今。

後來，貝爾成為美國波士頓大學的教授，開始研究多工電報。多工電報指的是在同一線路上傳送許多電報，受此影響，他萌發了利用電流把人的說話聲傳向遠方的念頭。於是，貝爾開始了電話的研究。

1875年6月2日，貝爾和他的助手華生分別在兩個房間裡試驗多工電報機，

突然，他看到電報機上的彈簧顫動起來，還發出聲音。

他驚奇地向華生發出詢問：「怎麼回事？出什麼問題了嗎？」華生在另一間屋子回答：「噢！電報機上有一個彈簧黏到磁鐵上了，我拉開彈簧時，彈簧發生了振動。」

這次偶然發生的事故啟發了貝爾，他想，振動在電路上傳送，其中肯定是電流的作用。既然電流能把振動從一個房間傳到另一個房間，一定可以傳到更遠的地方。貝爾越想思路越開闊，他繼而產生了一系列構想：如果人對著一塊鐵片說話，聲音將引起鐵片振動；若在鐵片後面放上一塊電磁鐵的話，鐵片的振動勢必在電磁鐵線圈中產生時大時小的電流。

這個波動電流會沿電線傳送，要是在電線另一端安裝類似裝置，豈不是就會發生同樣的振動，發出同樣的聲音嗎？這樣，聲音就沿電線傳到遠方去了。

想到這裡，貝爾大為激動，立即和華生按照設想試製電話機。他們兩人分別在兩個房間裡，希望聲音可以透過電線傳送。多次試驗之後，線路裝置基本就緒。這天，貝爾正在試驗，不小心一滴硫酸濺到腿上，痛得他直叫喊：「華生先生，我需要你，請到我這裡來！」喊聲順著電線傳到另一間屋子，華生聽到後，飛快地跑到貝爾的房間。兩人驚喜地發現，原來他們的電話已經試驗成功了。他們來不及處理受傷的腿，而是緊緊抱在一起，慶祝試驗成功，電話從此問世了。

貝爾發明電話基本上成為眾所周知的事情。可是到了今天，卻有不少人對此有所質疑。而貝爾和電話，還牽扯了不少的訴訟案呢！

2002年6月16日，美國國會承認了1860年安東尼奧・梅烏奇在紐約展示「電話」這一歷史，並把貝爾趕下了電話發明者的位子。這個梅烏奇是義大利裔美國人，他在研究用電擊法治病時發現聲音能以電脈衝的形式穿過銅絲，大感興趣，從此開始了對此的研究。1860年，他就公開了自己發明的一套通話裝置。

可惜，梅烏奇太貧窮了，他沒辦法支付專利費，所以一直沒能為自己的發明申請專利，他的發明後來也被無可奈何地賣到了舊貨店，因此一直以來都沒有人承認他發明了電話。

據說，他曾經和貝爾同用一間實驗室，因此他認為是貝爾竊取了他的研究成果，還曾為此提起訴訟。但隨著1889年他的過世，這次訴訟也不了了之。

而在貝爾同時代還有一個發明電話的人。他叫伊立夏・格雷，他也同時發明了電話。不過他發明的電話與貝爾所發明的原理不同，他是在薄鐵膜片的背後裝一個電極，使電極伸到一種電解液裡，人對著膜片說話時，震動膜片而帶動電極在電解液中顫動，電極浸在電解液中的深度發生變化，進而產生與聲音振動相對的變化電流。但是這種發話器使用非常不方便。

更有趣的是，在貝爾提出專利申請的同一天，格雷也向紐約專利局提出專利申請，並將專利發明權轉賣給美國最大的威斯汀電信公司。於是，一場持續了十多年的訴訟案開始了。後來經調查發現，貝爾申請專利的時間比格雷早大約兩小時，於是法院才將電話的發明專利判給了貝爾。

從此，大家都公認貝爾是電話的發明者了。

　　電話發明後，很快地普及使用，走進千家萬戶，極大地方便了人們的日常生活和工作，迅速地推動了社會進步，文明發展。

　　那麼，小小的電話機究竟是透過什麼原理運作的？

　　簡單地說，電話的原理是利用電磁波的輻射性。電磁波是電波和磁波的總稱，電與磁可說是一體兩面，變動的電會產生磁，變動的磁則會產生電。電磁波以不同的頻率變動，向空中形成輻射，傳遞能量。

　　電話機裡安裝了電磁鐵，當我們電話機的發話器說話時，說話的聲音使發話器裡面薄薄的鐵片振動，電磁鐵把這個振動變成電磁波，電磁波再透過電話線傳到電話公司的交換台，在那裡電磁波被放大，然後又沿著電話線，傳到對方電話機的受話器裡。

　　這樣，電話就能夠傳遞聲音了。

開普勒（西元1571年～1630年），德國天文學家。提出行星運動三定律（即開普勒定律），指出彗星的尾巴總是背著太陽，是因為太陽排斥彗頭的物質造成的，這是距今半個世紀以前對輻射壓力存在的正確預言。

受嘲笑的半導體冒險

半導體是電阻率介於金屬和絕緣體之間並有負的電阻溫度係數的物質。半導體室溫時電阻率約在10.5～107歐姆之間，溫度升高時電阻率指數則減小。

今天，我們可以很便捷地享受到一切。雷射印表機、CD播放器，還有超市裡的條碼讀卡器，這些都是熟悉的不能再熟悉的東西了，然而，或許你不知道的是，它們都是同一個人的成果。這個人，就是赫伯特·克勒默，克勒默最大的成果，是對半導體實用技術的研究。可以說，他的研究大大地改變了世界。

克勒默曾經為報紙題詞，他想來想去，寫下了「去冒險吧」幾個字。也許是因為在科學上孜孜不倦的探索精神，他才能有著如此輝煌的成就。

克勒默上中學時，正是二戰期間。當時，學校受到轟炸，正規的教學受到影響。為此，他代替自己的物理老師為同學們上課，當時就顯示出超群的才智。後來，克勒默取得物理博士學位，受聘到加利福尼亞大學工作。在這裡，他透過不懈努力和勤奮工作，取得了一系列成就。

然而，當他1963年提出了雙異質結構雷射的概念時，卻受到了來自各方的嘲笑。原來，這一概念遠遠超過了當時半導體領域的研究水準。

有人說他：「異想天開。」

也有人認為他：「不務正業。」

還有人勸說他：「不要太固執了，你應該側重物理基礎研究，而不要把自己搞成一個科技人員。」

在傳統物理學家眼裡，基礎物理才是他們研究的問題，只有在基礎問題上取得重大突破，才能確定自己的地位，而技術應用太實際。於是，克勒默成為另類，他陷入尷尬之地。但克勒默並沒有放棄，他對自己有信心，也有著探索的決心。他繼續進行自己的科研，而不去理會他人的言論。他與他人合作，先後發明了快速電晶體、雷射二極體和積體電路（晶片）。

20年後，當他的概念和相對技術被大量應用時，他回憶起當初的情景，說道：「當時，我瞭解到這對物質的性質會有多大的影響，然而要把它轉化為實用技術，在當時看來希望非常渺茫。我的反應是，讓我們開發技術吧！可是人們卻說：忘了它吧！」

後來，當他傑出的科研成就影響了整個世界時，很多同事都預測他會獲得諾貝爾獎。但是克勒默一直說：「不會的。」因為他明白，物理獎通常都頒發給那些對基礎物理問題有所發現和貢獻的人。而他在技術應用方面的成就很難獲獎。

但是，2000年的一天，凌晨兩點半，克勒默接到了來自斯德哥爾摩的電話，告訴他瑞典皇家科學會決定將當年的物理獎授予他。得此消息，克勒默十分平靜地說：「這是科技的進步。」

我們通常把導電性和導熱性差或不好的材料稱為絕緣體。而把導電、導熱都比較好的金屬稱為導體。半導體就是介於這兩者之間的物質。按化學成分分，半導體可分為元素半導體和化合物半導體兩大類。元素半導體通常包括鍺

和矽等；化合物半導體包括Ⅲ-Ⅴ族化合物、Ⅱ-Ⅵ族化合物、氧化物以及由Ⅲ-Ⅴ族化合物和Ⅱ-Ⅵ族化合物組成的固溶體等。

與金屬和絕緣體相比，半導體材料的發現是最晚的，直到20世紀30年代，當材料的提煉技術改進以後，半導體的存在才真正被學術界認可。半導體用途廣泛，可用來製作電力電子器件、高效率太陽能光伏電池、射頻器件和微電子機械系統等。

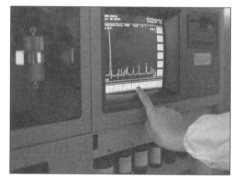

總之，半導體在微波通訊、雷達、導航、測控、醫學、軍事、電訊、工業自動化等領域，已有了不可限量的發展，極大地改變著我們的生活。

琴納（西元1749年～1823年），英國醫生，牛痘接種法的創始人，免疫學之父，天花疫苗接種的先驅。實現了對疾病的預防，進而成功地開闢了免疫學這個新領域。

貝耶爾的青出於藍

將藍草製成泥狀的靛藍，用酒糟發酵，發酵過程中產生的氫氣、二氧化碳可將靛藍還原成靛白。用靛白染成的白布，經空氣氧化，又可顯現出藍色。

1835年，阿道夫‧馮‧貝耶爾出生在德國柏林，他從小受到良好的家庭教育，學業成績十分優異。

貝耶爾的父親約翰‧佐柯白是個軍人，但是，卻非常熱愛科學。可是身為總參謀部陸軍中將，軍旅生涯十分繁忙，根本抽不出時間來學習。佐柯白十分苦惱，卻從未放棄自己的夢想。五十歲後，他終於輕鬆下來，於是開始學習地質學。在這樣的年齡才開始學習，大多數人都無法理解佐柯白的行為，他們對之冷嘲熱諷，然而，佐柯白並未理會，依舊我行我素，堅持學習，終於成為這方面的專家。於是，在他76歲時竟獲邀出任柏林地質研究院院長。

父親的行為，對貝耶爾產生了很大的影響。有一次，他與父親隨便談起凱庫勒教授。凱庫勒教授那時已經是德國有機化學的權威了，年輕氣盛的貝耶爾隨口對父親說：「凱庫勒嗎？只比我大6歲⋯⋯」父親立刻擺手打斷了他的話，狠狠地瞪了他一眼，問道：「難道學問是與年齡成正比的嗎？大6歲怎麼樣，難道就不值得學習嗎？我學地質時，幾乎沒有幾個老師比我大，老師的年齡比我小30歲的都有，難道就不要學了？」

此事對貝耶爾的震撼很大，教育極深，後來他常對人說：「父親一向是我的榜樣，他給我的教育很多，最深刻的算是這一次了。」

貝耶爾還在上大學時，就對有機化學方面特別感興趣，並且做出了成就，

1856年，他發表了科學論文《有機化合物凝結作用綜合研究》，受到專家們的一致讚賞，同年他獲得柏林大學博士學位，當時年僅23歲。

4年之後，他又被皇家學會推選出任歐洲規模最大的柏林國家化驗所主任。

普魯士國王腓德烈·威謙四世聽說了貝耶爾眾多的研究成果，對他產生了濃厚的興趣。他特地邀請貝耶爾到皇宮做客。當國王見到這位科學家，發現貝耶爾竟然如此的年輕，不禁大吃一驚：「沒想到，這位譽滿全歐的大學者，原來是個年輕人。」

貝耶爾畢生專心從事有機化學方面的科學研究，尤其在有機染料、芳香劑、合成靛藍和含砷物的研究方面，取得了卓越的成就。他是第一個研究和分析了靛青、天藍、緋紅三種現代基本染料的性質與分子結構的，同時還建立了著名的貝耶爾碳環種族理論。

除此之外，貝耶爾還是一個謙虛而誠懇的人。當他發現自己已經沒什麼可以教自己的學生費雪的時候，立刻為他推薦了一個更適合發展的地方。也許是因為他的無私，費雪才於1902年榮獲了諾貝爾獎。更有趣的是，費雪的學生瓦爾堡獲得了1931年的諾貝爾生理學和醫學獎，瓦爾堡的學生克雷希斯又獲得了1953年的諾貝爾生理學和醫學獎。看來，這種無私的治學態度，也被一代一代地傳了下去。

1905年，為了表彰貝耶爾在研究染料和有機化合物等方面的卓越貢獻，70歲的貝耶爾獲得了瑞典皇家科學院授予他諾貝爾化學獎。

在中國，靛藍的這種發酵還原技術在春秋戰國時期已開始使用，而且這古老的方法至今仍在沿用。大約西元前100年，印度也開始製作靛藍，但他們採用

尿發酵法染藍。

後來，經過貝耶爾等科學家的努力，發明了合成製作靛藍的方法，他們以苯胺基乙腈為主要原料，在一定溫度下，以回收鉀鈉無水混合鹼做溶劑，氨基鈉做縮合劑，間隙加入一批苯胺基乙酸鉀鈉（鉀）鹽，在高溫高壓環境中將苯胺基乙酸鉀鈉（鉀）鹽環合成吲哚酚鉀（鈉），再經氧化、壓濾、乾燥而製作成靛藍。

靛藍主要用於棉纖維和織物的染色，國內外流行的「牛仔服」布料大都由靛藍染經紗與白紗交織而成。也可染羊毛和絲綢，在地毯和手工藝品中也有應用。其色澤自然大方，具有獨特的吸引力，在近幾年的服飾染色中應用很廣。

費歇爾（西元1852年～1919年），德國的費歇爾是有機化學領域最知名的學者之一，生物化學的創始人。他發現了苯肼，對糖類、嘌呤類有機化合物的研究取得了突出的成就，因而榮獲1902年的諾貝爾化學獎。

「黃金的稻米」
帶來的轉基因技術

將人工分離和修飾過的基因導入生物體基因組中，由於導入基因的表達，引起生物體的性狀的可遺傳的修飾，這一技術稱之為轉基因技術。

2001年，德國科學家英戈・波特利庫斯和彼得・拜爾在菲律賓經過8年努力，研究發明了一種新稻種。

這種稻種與以往稻米不同，是採用轉基因技術發明的，它含有從水仙、真菌、豆子等中找到的四種可促進新陳代謝的酶，因此含有稻米天性中缺少的鐵元素和胡蘿蔔素。

因為此米粒色澤金黃，發明者為它取名「金米」，一是指它的顏色金黃，二是比喻它的珍貴。

在世界上，大約有20億人因缺鐵而罹患貧血，還有數百萬胎兒孕期死亡或出生後死亡。而維生素A的缺乏更導致了一兩百萬的兒童死亡。而金米的出現，正好可以彌補天然稻米的不足，它含有人體必須的鐵元素和胡蘿蔔素，營養價值極高，應該大力推廣，用來解決人類的實際問題。

兩位科學家的研究正是出於這一目的，他們提出：將這一發明專利無償交

給受益者。

然而，這個提議遇到了很大阻力，而且阻力來自好幾方面。

首先，有人反對轉基因技術，認為採用轉基因技術發明的金米不應該推廣種植；其次，企圖壟斷生物技術以獲取高額利潤的企業也反對他們的提議，認為無償贈送專利會損害他們的利益；第三，歐盟關於科研有些不合理的規定，也阻礙了新稻種的推廣和種植。當初，兩位科學家將關於金米的論文寄給著名的《自然》雜誌時，該雜誌的出版人竟然認為沒有必要將論文交給專家審閱，立即將其退回。他們對轉基因技術也抱著懷疑態度。

當兩位科學家的成果誕生後，卻不能順利地將其推廣應用，造福人類。他們不肯就此甘休，與來自各方的阻力進行了艱苦的談判。

最後終於達成了一致協議，「金米」的商業使用專利歸塞內卡公司，但該公司同時承擔透過發明家促進這項專利用於「人道目的」的活動。

在這裡，商業和人道目的有條件界限，規定為：任何發展中國家的機構從出售「金米」稻種得到的年收入不得超過1萬美元。

在這一協議達成後，世界六大跨國企業像拜爾等都放棄了追求利潤的目的，莊嚴地承諾接受這一條件。後來，還組建了「金米人道使用理事會」，負責具體實施這個目標。

2001年，「金米」突破重重阻力終於面世。世界銀行和某些機構合作，開始在印度進行實驗。東南亞、非洲、拉丁美洲的一些國家紛紛和發明者簽定協議，推廣種植。

　　「金米」這一新品種的成功推廣，既是人類歷史上第一次將整個新陳代謝鏈透過基因技術移植到一種植物中的成功試驗，也是科學史上第一次把發明帶來的專利無償地交給受益者的行為。

　　轉基因技術，也叫「遺傳工程」、「基因工程」、「遺傳轉化」。它是近些年來剛剛出現的一個科學概念，指的是將人工分離和修飾過的基因導入生物體基因組中，在導入基因的作用下，生物體的性狀發生了可遺傳的修飾或者改變，這一技術就叫做轉基因技術。

　　常用的植物轉基因技術有兩種方法，第一種是透過組織培養再生植株；第二種是花粉管通道法。常用的動物轉基因技術也有兩類方法，分別是顯微注射法和體細胞核移植法。

沙普利（西元1885年～1972年），美國著名的天文學家。是20世紀科學史上最傑出的人物之一。推出太陽系不在銀河系中心，而是處於銀河系邊緣，銀河系的中心在人馬座方向。他的研究為人們瞭解銀河系奠定了基礎。

好心有好報的青黴素

抗生素是由微生物（包括細菌、真菌、放線菌屬）產生，能抑制或殺滅其他微生物的物質。

在醫學史上，青黴素的發現意義巨大，它挽救了許多病人的生命，使人類的壽命延長了15至20年。發現它的人叫弗萊明。

弗萊明出生於一個貧苦的農民家庭。有一天，他的父親在田裡工作的時候，無意中救了一個不小心掉入沼澤的小男孩。第二天，小男孩的父親親自前來感謝老弗萊明，決意報答他，可是自尊心強的老弗萊明不願意接受任何的報酬，他覺得自己只是做了一件應該做的事而已，他驕傲地拒絕了人家。

這時，小弗萊明走了進來，這位紳士看到了這個和自己孩子年紀相仿的男孩，問道：「這是你的孩子嗎？」「是的。」老弗萊明回答。紳士想了想，說：「也許我可以用另一種方式報答你。我可以帶走這孩子，讓他接受最良好的教育，請相信我，以後他會成為你的驕傲的。」老弗萊明爽快地答應了。

從此，弗萊明得到了受教育的機會，他選擇了醫學做為自己的研究方向，後來還進入倫敦聖瑪麗醫院的實驗室工作。由於不愛說話，終日默默無聞地工作，因此招來同事們的嘲笑，給他取了個外號「蘇格蘭老古董」。面對嘲弄，弗萊明並不放在心上，依然故我地做著科學研究。

有一天，實驗室主任賴特爵士主持例行的業務討論會。會上，一些實驗工作人員口若懸河地演說著，大有譁眾取寵之意，會議十分熱鬧，看起來一時半刻不會結束。可是，弗萊明一言不發，沉默不語。賴特爵士看到這種情況，不

由得轉過頭來問道：「弗萊明，你難道沒有什麼見解和看法嗎？」

「做。」弗萊明簡單地說了一個字，而後又閉緊了嘴巴。賴特爵士看了看他，沒說什麼。其實，弗萊明的意思很明白，與其這樣不著邊際地誇誇其談，不如立即恢復實驗。

可是，會議依舊進行著，大多數工作人員依然你一言我一句，說個不停。已經是下午五點鐘了，會議還沒有結束。賴特爵士口乾舌燥，他再次轉向弗萊明，問道：「弗萊明，你現在有什麼意見要發表嗎？」

「茶。」弗萊明平靜地說了一個字，然後起身準備離去。下午五點是喝茶的時間，他提醒眾人，不要再在這裡高談闊論了，趕緊喝茶回去工作吧！在這次會議上，弗萊明只說了這兩個字，體現出他務實求進的工作作風。

會議終於結束了，弗萊明像往日那樣細心地觀察培養葡萄球細菌的玻璃罐。這次他發現，罐子裡有些泛綠，不由得皺著眉頭說：「唉，罐裡又跑進去綠色的黴！」然而，靈機一動，弗萊明有了新的發現和想法，他看到綠色的黴周圍沒有葡萄球細菌，於是忍不住想：葡萄球細菌為什麼不在綠色的黴周圍生長呢？難道這種綠黴能阻止細菌的生長和繁殖？

他苦苦地思慮著，並投入試驗和研究中，結果證實這種綠色黴果然具有殺菌功能，這讓他很興奮，開始細心地鑽研這種物質。他透過顯微鏡發現這種黴菌像刷子一樣，長著細細的長毛，於是便叫它為「盤尼西林」（Penicillin 的原意是有細毛的）。

之後，弗萊明便對盤尼西林做了系統的研究，10年之後，盤尼西林正式在病人身上使用。在第二次世界大戰期間，盤尼西林救活了無數人的生命。為

此，弗萊明成為20世紀最偉大的科學家之一，受到世人尊崇和愛戴。

不得不提的是，青黴素還救了一個人的性命，這個人便是文中開頭那個掉入沼澤的小男孩，他叫溫斯頓‧邱吉爾，英國最著名的首相之一。

盤尼西林就是現在通用的青黴素，是抗生素的一種。很早以前，人們就發現某些微生物對另外一些微生物的生長繁殖有抑制作用，他們把這種現象稱為抗生。直到弗萊明發明了盤尼西林，人們才真正的發現了抗生現象的本質。後來，從微生物中抽取的具有抗生作用的物質種類越來越多，這類物質就被通稱為抗生素。抗生素分為天然品和人工合成品兩類。

但是，前者是由微生物直接產生的，後者是對天然抗生素進行了結構改造而獲得的合成產品。在臨床中，青黴素的應用最為廣泛。它由青黴菌的培養液中抽取，是一種有機酸，可以與金屬離子或有機鹼結合成鹽。對金黃色葡萄球菌、肺炎球菌、淋球菌效果顯著，因此，廣泛應用於治療肺炎、外傷感染。

除了青黴素外，常見還有鏈黴素和金黴素。

亞歷山大‧弗萊明（西元1881年～1955年），出生在蘇格蘭，從事免疫學研究，在第一次世界大戰中身為一名軍醫。青黴素（也叫盤尼西林）的發明者「抗生素之父」。

巴斯德和他的疫苗

許多細菌和病毒會給人類帶來疾病，造成死亡，然而，人們可以利用這類細菌和病毒的毒素，把它少量地注射到正常人的體內，使人產生對某種疾病的抵抗力。這種用來注射的細菌和病毒，就是疫苗。

在巴黎巴斯德研究所外，矗立著一座雕塑，雕塑由一個少年和一個著名的科學家組成，他們兩人為何會同時出現在一座雕塑中？

科學家名叫巴斯德，被世人稱頌為「進入科學王國的最完美無缺的人」，他不僅是個理論上的天才，還是個善於解決實際問題的人。他成功地研製出雞霍亂疫苗、狂犬病疫苗等多種疫苗，其理論和免疫法引起了醫學實踐的重大變革。而少年名叫朱皮葉，是個牧童，15歲時因為搶救被瘋狗追咬的同伴，曾身受重傷。

細心的讀者們也許已經發現了，這兩個看似毫不相干的人實則有一點是相通的，就是他們都與狂犬病有關係。

巴斯德是致力於病菌研究的科學家，他勇敢地提出關於病菌的理論，並透過大量實驗，證明了他理論的正確性，令科學界信服。為了降低病菌感染率，他還發明了巴氏消毒法。透過長期的試驗觀察，他發現罹患過某種傳染病並得到痊癒的動物，以後對該病有免疫力。據此，他用減毒的炭疽、雞霍亂病原菌分別免疫綿羊和雞，獲得了成功。從此，人們知道了利用這種方法可以免除許多傳染病。

1881年，巴斯德開始專心研究狂犬病。他從科學實踐中知道有侵染性的物

質經過反覆傳代和乾燥，會減少其毒性，於是他將含有病原的狂犬病的延髓抽取液多次注射兔子後，再將這些減毒的液體注射狗，以後狗就能抵抗正常強度的狂犬病毒的侵染。

儘管試驗在狗身上取得成功，可是沒有人敢接種疫苗，有些人甚至說：「人怎麼能接種狗身上的疫苗呢？接種了疫苗，人會不會變成狗？」也有人說：「疫苗只能用在動物身上，拿人做試驗是不道德的。」還有人當面指責巴斯德：「無視人性，把人當作牲畜。」

面對諸多方面的懷疑和指責，巴斯德勇敢地捍衛科學的真理，與他們抗爭。5年後的一天，巴斯德正在工作室外散步，聽到人們議論說：「有一個少年因為搶救被瘋狗襲擊的同伴受傷了，性命難保。」巴斯德大吃一驚，連忙向人打聽少年的情況。原來，那個少年叫朱皮葉，是個牧童，與同伴放牧時，同伴遭到瘋狗追咬。朱皮葉勇敢地跑過去，擋在同伴面前，與瘋狗搏鬥。結果，朱皮葉被咬得遍體鱗傷，傷勢嚴重。

探聽到這個情況，巴斯德決定救少年一命，他親自趕往少年住院的地方，提出為他注射狂犬病疫苗。在這之前，巴斯德曾經為一個9歲的被瘋狗咬傷的男孩注射過疫苗，獲得成功，所以他對此事很有把握。等他找到朱皮葉，提出自己的想法時，朱皮葉的親人和主治醫生都表示反對，認為這樣做太冒險。可是勇敢的朱皮葉同意了巴斯德的建議，他說：「我受了重傷，正好可以在我身上做試驗。成功了，可以為更多人帶來福音；失敗了，他人也就不用受罪了。」

就這樣，巴斯德為朱皮葉注射了毒性減到很低的狂犬病疫苗，然後再逐漸用毒性較強的疫苗注射。他希望在狂犬病的潛伏期過去之前，使朱皮葉產生抵抗力。結果，巴斯德試驗成功，朱皮葉得救了，而狂犬病疫苗終於得到了世人

的認可。

人們為了紀念巴斯德和朱皮葉，為他們樹立了雕像，這就是故事開始時我們看到的那一幕。按照巴斯德免疫法，醫學科學家們創造了防止若干種危險病的疫苗，成功地免除了斑彥傷寒、小兒麻痹等疾病的威脅。

疫苗的發明和使用，成功地預防了許多傳染病的威脅，對人類和動物的健康產生很好的防護作用，是醫學史上偉大的創舉。科學家們抽取引起某種疾病的細菌或病毒的毒素，降低其毒性，把它少量多次地注射到正常人或動物的體內，使人或動物產生對這種疾病的抵抗力。這種用來注射的減毒的細菌或病毒，就是疫苗。

對人體或動物體來說，疫苗是一種異體物質，人們稱它為抗原，抗原進入人體或動物體後，可以刺激人體或動物體內產生一種與其相對的抗體物質。抗體具有抑制和殺滅致病菌的功能，這便是人體或動物體內的免疫作用。所以，注射了某種菌苗或疫苗，人體或動物體就會產生對抗某種致病菌的抗體，這樣就獲得了免疫力，就不會再得某種傳染病了。

路易士・巴斯德（西元1822年～1895年），法國微生物學家、化學家，近代微生物學的奠基人。像牛頓開闢出經典力學一樣，巴斯德開闢了微生物領域，他也是一位科學巨人。

向倫琴郵購X光線

X光是一有能量的電磁波或輻射。當高速移動的電子撞擊任何形態的物質時，X光便有可能發生。X光具有穿透性，對不同密度的物質有不同的穿透能力。

1895年，德國物理學家倫琴沉迷在一項新的試驗裡，觀察陰極射線試管的放電現象。這個試驗已經做了很多次，然而倫琴依舊十分癡迷，廢寢忘食地工作著。有一天，他給學生們上完課，連講稿也沒放就快步走進實驗室，繼續自己的試驗。

倫琴先用黑紙把陰極射線管包起來，再通電試驗。這時，放置在旁邊的螢光屏閃現出來亮光。倫琴眼睛為之一亮，他想，能透過這層黑紙的光線究竟是什麼？是不是一種尚未被人類所知的射線呢？他反覆思索、試驗，試驗、思索，不知不覺已到午夜，可是腦子裡亂糟糟的，一時半刻也想不出光線究竟是怎麼回事。最後，他決定先回家吃飯，明天繼續觀察思考。

午夜時分，家人早已安睡，倫琴悄悄走進餐廳，晚餐就擺在長桌上，並蓋著一塊雪白的苫布。他走過去，輕輕揭開苫布，剛想拿起麵包片來吃，卻突然又住手了。原來，他看到電燈的光線透過苫布使麵包流動黑影投射到餐桌上。這一個極為普通的生活現象，一下子打開了他的心扉。他想，苫布隔在燈光和餐桌之間，使得麵包的投影發生變化，那麼，要是在陰極射線管和螢光屏之間也加上一個隔離物，又會怎麼樣呢？想到這裡，倫琴忘記了飢餓，他興奮地跑出餐廳，又奔回實驗室了。

倫琴進出家門的聲音驚醒倫琴夫人，她走出臥室，看到丈夫遠去的身影，發現晚餐原封不動地擺在那裡，知道他又沒有吃飯跑去做試驗了。於是，她只

好嘆口氣，包上幾片麵包，尾隨丈夫到實驗室去了。

實驗室裡，倫琴已經開始了新的實驗。他先把平時放在陰極射線管附近的螢光板放到2米遠的地方，然後中間用一本厚書隔開。倫琴夫人趕到時，恰好看到螢光板上閃現著淺綠色的螢光和淡淡的書影。

看見夫人來了，倫琴來不及接過她手裡的麵包，而是讓她手持螢光板由近向遠移動，測試射線到底能射出多遠。倫琴夫人無奈地拿著螢光板，慢慢向後移動。她走出沒多遠，突然站在那裡不動了，眼睛死死盯在螢光板上。

倫琴好奇地看著妻子，以為她發生了什麼意外，連忙走過去。倫琴夫人十分激動，她幾乎喊叫著說：「快看，快看。」倫琴順著妻子的目光看去，在螢光板的後邊，清晰地顯現出手指骨骼的影子。

倫琴一下子叫起來：「親愛的！妳的手就要造福人類了！」他知道，這種特殊的射線映照出了妻子的手指骨骼，這是一個嶄新的發現。他們沒有停下來，又改用照相乾版進行試驗，獲得了相同的結果。於是，他們把它洗成照片，那上面是一個完整的手骨影像。倫琴揮舞著這張不尋常的照片，大聲說：「這是我們貢獻給人類的禮物！」夫婦兩人太興奮了，倫琴夫人望著照片，探尋地說：「這到底是什麼神奇的射線呢？這是個未知數，是X。」

「對，」倫琴接著說，「這就是X光。」人類第一張X光照片就這樣在黎明時刻誕生了，很快地轟動了整個德國，並引起了全世界的注意。

當時，很多人並不知道X光線是何物，有一天，倫琴收到了一封信，竟然向他郵購X光線，倫琴覺得很可笑，就在回信中幽默地說：「目前，我手頭沒有X光線的存貨，而且郵寄X光線是一件相當麻煩的事情，因此不能奉命。這樣吧，

請把胸腔寄給我！」

直到今天，幾乎沒有人不知道X光線。X光線在醫療上的成功應用，為無數病人帶來福音。倫琴發現X光線後，將其命名為X光，這個「X」即無法瞭解，未知的意思。後來，人們為了紀念倫琴，也將其稱為「倫琴線」。

X光是一種具有高能量的光波粒子，以電磁波或輻射形式表現。當高速移動的電子撞擊任何形態的物質時，X光便有可能發生。

X光的特點是穿透性強，一般物體都擋不住。阻擋射線，有多種因素決定，比如射線的強度、頻率，阻擋物質與射線的作用程度，阻擋物質厚度，阻擋物質大小等等，都具有一定作用。一般情況下，醫院裡常用的X光大約3~5cm的鉛塊就可以阻擋了。

由於X光對不同密度的物質有不同的穿透能力，因此在醫學上X光用來投射人體器官及骨骼形成影像，藉以輔助診斷。

倫琴（西元1845年～1923年），德國物理學家。發現了X光線，為人類利用X光線診斷與治療疾病開拓了新途徑，開創了醫療影像技術的先河。1901年獲得諾貝爾物理學獎。

兒童遊戲帶來的聽診器

聽診器是目前醫院內廣泛使用的一種醫療器材。醫生使用時，將聽診器的胸件貼置患者胸前，透過胸件上附有的振動膜放大人體內臟聲音，傳導至醫生耳內，醫生根據經驗判斷或採用計時計數法瞭解患者的心率及心律。

1816年9月的一天，法國醫生雷內克煩悶不已地在街上散步。

他負責診治的一個病人剛剛過世了，這個病人是個體型肥胖的夫人，他獲得死者家屬的同意，解剖了這位夫人，發現她是死於大量的腹部積水。在之前的診療中，雷內克曾經按照上千年的醫學慣例，透過敲打瞭解這位患者的身體情況，可是因為腹部脂肪過厚，他根本無法掌握準確的情況。

到底要如何才能診斷出正確的病情呢？雷內克苦苦思索，卻一無所獲。

過沒幾天，雷內克受邀來到一個豪華的住宅裡，為一位尊貴的小姐看病。雷內克像往常一樣，首先聽了病人的病情介紹，然後詢問了病人幾個問題。

他懷疑小姐罹患心臟病，但又不敢確診。

這時，他多麼想親耳聽一下小姐的心臟跳動啊，這將有助於診斷和治療。要是病人是位男性，雷內克就可以將耳朵貼到他的胸前仔細地聆聽了。這是當時醫生慣用的診病方法。可是，眼前的病人是位年輕的貴族小姐，直接用耳朵聽顯然不合適。

雷內克苦苦地思索著，希望找到解決問題的辦法。忽然，院子裡傳來孩子們的嬉鬧聲，他不由得站起來，順著聲音望出去。原來兩個孩子在玩遊戲，一

個孩子在樹的一頭敲打，另一個孩子在樹的另外一頭，貼著耳朵傾聽。看著看著，雷內克豁然開朗，他轉身拿來一張紙，將紙緊緊地捲成一個圓筒狀。

然後微笑著說：「小姐，我可以用它來聽一下您的心跳嗎？」

小姐看著長長的紙筒，同意了他的建議。

於是，雷內克將紙圓筒的一頭緊貼在病人的胸部，另一頭貼在自己的耳朵上。他聽見了小姐的心跳，比直接貼在胸部還清楚。

這件事給雷內克很大啟發，他看完病回家後，立即請人專門做了一個空心的木管，做為看病時聽診用。這就是醫學史第一個聽診器。這個聽診器的形狀很像一個笛子，所以當時醫生就叫它「醫生之笛」。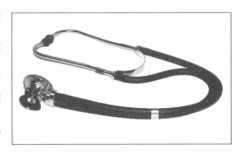

之後，雷內克經過多次試驗，找到了最適合做聽診器的材料，就是各種輕質木材或藤。木製聽診器一直用到1850年，才被橡膠管製成的聽診器所替代。1852年，一位名叫喬治·卡曼的美國醫生在聽診器上加了兩個耳機。1878年，又有人發明出了麥克風，並將麥克風接在聽診器的胸部端，將聲音放大。到了今天，最初的聽診器變成非常好用的雙耳聽診器，今天已普遍用於世界各地。

1826年8月13日，雷內克病逝於故鄉。他留下的遺囑中有這麼一段：「將我的醫學書籍和論文都贈給我的外甥梅希笛克，還有手錶和戒指；這些都是不重要的。值得永存的是，我把我所製造的第一個聽診器留給了他，這才是我送給他最珍貴的遺產。」

　　是什麼原因讓雷內克醫生聽見了小姐的心跳呢？原來，聲音的發出是緣於物體的震動，然後透過空氣傳入耳朵。聲音在空氣中傳播時是向四面八方傳播的，雷內克用「聽診器」將聲音「聚集」在一起，聽起來的效果就好多了。這正是聽診器診病的原理。

　　在醫學史上，從很早開始，醫生們就應用直接聽診法檢查病人。他們將自己的耳朵直接貼於病人的胸膛聆聽胸腔內各臟器的活動情況，這種方法儘管有諸多缺點，但由於條件所限，兩千多年來它一直被做為一種有效的檢查方法沿用，直到1816年雷奈克發明了聽診器，這種直接聽診法才逐漸被間接聽診法所代替。

克里克（西元1916年～2004年），英國物理學家，完成了DNA分子的雙螺旋結構模型，發現了DNA的分子結構。1962年和沃森、威爾金斯一同榮獲諾貝爾生物學或醫學獎。

天上立法者的望遠鏡

天文望遠鏡是觀測天體的重要工具，可以毫不誇大地說，沒有望遠鏡的誕生和發展，就沒有現代天文學。

　　有位天文學家，因為成就卓著，被後世的科學史家稱為「天上的立法者」，他就是克卜勒。

　　克卜勒自幼體質虛弱，幼年時罹患過幾次大病，差點夭折，雖死裡逃生，身體卻受到了嚴重摧殘，視力衰弱，一隻手半殘。然而，克卜勒有一種頑強的進取精神，他努力學習，成績優異，還經常幫助父母料理家務，十分勤勞。

　　上大學時，克卜勒受到天文學教授麥斯特林的影響，成為哥白尼學說的擁護者，對神學的信仰發生了動搖。後來，克卜勒獲得了天文學碩士的學位，並在卓越的天文觀察家第谷的幫助和指導下，取得巨大進步。第谷死後，克卜勒接替了他的職位，被聘為皇帝的數學家。

　　克卜勒家境貧寒，原想為皇帝工作後，生活會有起色，沒想到皇帝對他十分慳吝，給他的薪俸僅僅是第谷的一半，還時常拖欠不給。這樣一來，克卜勒微薄的收入不足以養活年邁的母親和妻兒，生活非常困苦。為了生計，克卜勒便依靠占星術賺錢，他曾經說過：「占星學女兒不賺錢來，天文學母親就要餓死。」

　　1608年，有人請克卜勒為一位匿名的貴族算命，克卜勒算出，此人有「爭名奪利的強烈願望」，將會「被暴徒推為首領」等，他還敏銳地發現，這個人便是捷克的貴族瓦倫斯坦因。

131

果然，16年後，克卜勒的預言應驗了。瓦倫斯坦因擔任了神聖羅馬帝國的聯軍統帥。他再次派人找到克卜勒，希望能夠得知更為詳細的命運。這一次，克卜勒斷然拒絕了，他教訓說，如果現在還相信命運是由星辰決定，那此人「就還未將上帝為他點燃的理性之光放射出來」。也許正是他這種科學而理性的態度，才讓他從占星學中，獲得了許多有關天文學的東西，進而開闢了天文學的新境界。

儘管生活艱苦，克卜勒卻從未中斷過自己的科學研究，並且在這種艱苦的環境下發明了新式望遠鏡——克卜勒望遠鏡，取得了天文學上的纍纍碩果。

克卜勒始終堅持不懈地和唯心主義的宇宙論做抗爭，寫了題為《為第谷‧布拉赫申辯》的著作，駁訴烏爾蘇斯對第谷的攻擊。為此，克卜勒受到了天主教會的迫害，不但把他的著作列為禁書，還派一群天主教徒包圍他的住所，揚言要處決他。在這種情況下，克卜勒毫不畏懼，他大膽地站出來，對眾人說：「處決我沒有關係，但我不會放棄日心學說。地球就是圍著太陽轉，這一點誰也顛覆不了！」

天主教徒們十分生氣，吵吵嚷嚷不肯離去，有些人甚至砸碎克卜勒的家門，打算將他帶走。這時，克卜勒的妻子出來說：「克卜勒曾擔任皇帝的數學家，皇帝都相信他的話，難道你們連皇帝也不尊重了嗎？」這席話產生了作用，教徒們叫嚷一會兒便散去了。

後來，克卜勒換過幾次工作，但是所得薪酬都不多，生活依舊艱苦。1630年11月，因數月未得到薪金，生活難以維持，年邁的克卜勒不得不親自到工作過的雷根斯堡索取。十分不幸的是，他剛剛到那裡就臥病不起。11月15日，為天文學做出傑出貢獻的克卜勒在一家小客棧默默離世。人們整理他的遺物時，

發現除了一些書籍和手稿之外，他身上僅僅剩下了7分尼（100分尼等於1馬克）。

克卜勒在天文學方面的傑出貢獻之一，就是發明了開普勒望遠鏡，進而推動了天文學的發展和進步。

望遠鏡是觀測天體的重要工具，在天文學上具有重要的地位，可以毫不誇大地說，沒有望遠鏡的誕生和發展，就不可能有現代天文學的誕生。科學家們不斷地改進和提高望遠鏡在各方面的性能，也讓天文學得以迅速的發展，人類對於宇宙的認知不斷加深。

常見的望遠鏡可簡單分為三類，伽利略望遠鏡、克卜勒望遠鏡、牛頓式望遠鏡。其中，最為通用的是開普勒望遠鏡，這種望遠鏡由兩個凸透鏡構成。由於兩個凸透鏡之間有一個實像，安裝分割板比較方便，而且各種性能優良，所以，目前軍用望遠鏡、小型天文望遠鏡等專業級的望遠鏡都採用此種結構。

萊布尼茨（西元1646年～1716年），17、18世紀之交德國最重要的數學家、物理學家和哲學家，和牛頓同為微積分的創建人。

眼鏡師發明的顯微鏡

顯微鏡是由一個透鏡或幾個透鏡的組合構成的一種光學儀器，用來放大微小物體的像。

1632年，一個叫列文虎克的孩子誕生在荷蘭德爾夫特的一個眼鏡師之家。

他家境貧寒，父親依靠為人製作眼鏡養活家人。小列文虎克沒有機會上學讀書，從小就與製作眼鏡的玻璃結下了不解之緣。他非常喜歡玩弄各種玻璃，而且年齡不大就跟隨父親學會了用玻璃製作透鏡。

有一天，列文虎克又在玩弄自己製作的透鏡，他把兩片不同大小的凸透鏡重疊在一起，當移動到適當的距離時，突然發現很小的東西一下子被放大了好幾倍。這個神奇的現象深深吸引了他，他不停地移動著透鏡鏡片，觀察著各種細小的東西，覺得真是太不可思議了！

列文虎克只顧自己觀察，忘記手邊的工作。一會兒，父親回來看他沒在工作，有些生氣地指責他：「又玩什麼呢？還不快工作！」

列文虎克這才回過神來，看著父親說：「父親，快看，小東西變大了。」

父親一聽，也好奇地湊過來，透過重疊的鏡片，他也看到了同樣奇異的景象：小針頭、小碎屑都變大了！這是怎麼回事呢？

父子倆十分好奇，立即動手做成兩個不同口徑的鐵片筒，把透鏡裝在大鐵筒裡，使它能自由滑動，可以隨意調整兩個透鏡的距離。這樣做好後，為了方便使用，他們還在外面套上一個大鐵筒。

　　父子倆拿著發明的新產品觀察了很多事物，結果都顯示了它具有放大的效果。

　　其實，在他之前，德國人衰伯、義大利解剖學家馬爾比基、英國物理學家胡克都曾做出過簡單的顯微鏡。但是，真正使顯微鏡得到改進並獲得了實用價值的，還是列文虎克。

　　之後，列文虎克投入製造顯微鏡的工作，他一生中製作了247台顯微鏡和172 個鏡頭。除了製作顯微鏡外，列文虎克還用顯微鏡觀察各種生物，成為一名傑出的生物學家，1668 年，他用顯微鏡證實了馬爾比基關於毛細血管的發現。

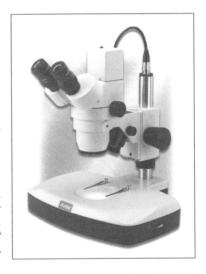

　　1674年，他觀察了魚、蛙、鳥類的卵形紅血球和人類及其他動物的紅血球。1675年，他發現了在青蛙內臟寄生的原生動物，震驚了當時的生物界。1677年，他描述了哈姆曾發現的動物精子，並證實了精子對胚胎發育的重要性。1683年，他從一位老人的牙縫中取出一些牙垢，放到顯微鏡下，進而發現了細菌。

　　後來，顯微鏡廣泛應用在醫學、生物學各個領域，成為現代科學最重要的實用工具之一。

　　顯微鏡是由一個透鏡或幾個透鏡的組合構成的一種光學儀器，用來放大微小物體的像，它向人類展示了一個全新的微觀世界。

顯微鏡可分為光學顯微鏡和電子顯微鏡兩類。

現在的光學顯微鏡可把物體放大1500倍，分辨的最小極限達0.2微米。電子顯微鏡則是用高速電子束代替光束。由於電子流的波長比光波短許多，所以電子顯微鏡的放大倍數可達80萬倍，分辨的最小極限達0.2納米。

顯微鏡的工作原理是，當把待觀察物體放在物鏡焦點外側靠近焦點處時，在物鏡後所成的實像恰在目鏡焦點內側靠近焦點處，經目鏡再次放大成一虛像。觀察到的是經兩次放大後的倒立虛像。

列文虎克（西元1632年～1723年），荷蘭顯微鏡學家、微生物學的開拓者。他是第一個用放大透鏡看到細菌和原生動物的人。1677年首次描述了昆蟲、狗和人的精子。1684年他準確地描述了紅血球，證明馬爾比基推測的毛細血管層真實存在的。

王水中的諾貝爾金質獎章

王水又稱「王酸」，是一種腐蝕性非常強、冒黃色煙的液體，是一種硝酸和鹽酸組成的混合物，還是少數幾種能夠溶解金和鉑的物質。

有兩位科學家，分別叫做勞厄和弗蘭克，他們兩人因為傑出的物理成就分別榮獲1914年和1925年的諾貝爾獎。可是，德國被納粹統治以後，德國政府要沒收他們的獎牌。為了保護獎牌和榮譽，兩人輾轉到了丹麥，找到丹麥同行玻爾，請求他保護自己的獎牌。

玻爾是著名的物理學家，也曾經獲得過1922年的諾貝爾獎。他聽說後，隨即答應了勞厄和弗蘭克的請求，決定不惜一切代價保護獎牌。

然而，不久丹麥也失陷，被納粹德國佔領了。此時，德國政府派人找到玻爾，要求一併沒收他們三人的獎牌。情況危急，玻爾決定暫時離開祖國，去美國避難。可是獎牌怎麼辦呢？帶在身上會不會遇到危險呢？

玻爾為此急得團團轉，苦思冥想如何保護獎牌。這時，他的一位同事赫維西突然靈機一動，想出了辦法，對他說：「你還記得波斯煉金術士賈比爾・伊本・哈楊的故事嗎？你可以效仿他保護金牌。」

賈比爾・伊本・哈楊是約800年左右的一名煉金師，他無意中將食鹽與礬（硫酸）混合在一起時發明了鹽酸，因此獲得國王頒發的金牌。之後他又發現，將鹽酸與硝酸混合在一起，能夠溶解金，後來國家發生戰亂，他為了保護金牌，防止被人搶奪，便採用這種方法熔化了金牌，藉以保護金牌。之後他便為此溶液取名王水。

　　玻爾一聽，喜出望外，立即動手製造了這種溶液，將三塊金牌放進去。純金的獎牌很快地溶解在溶液裡。這樣，玻爾便隨隨便便地將溶液瓶放在實驗室的架子上。來搜查的納粹士兵哪裡知道這普通的液體裡還藏著這麼大的秘密呢？士兵們搜遍了房子，也沒有找到獎牌，只好灰頭土臉地走了。戰爭結束後，溶液瓶裡的黃金被還原後送到斯德哥爾摩，按當年的模子重新鑄造，於1949年完璧歸趙，回到三位得主的手中。

　　玻爾用來溶解金牌的溶液叫做王水，又稱「王酸」，是一種腐蝕性非常強、冒黃色煙的液體，它是一種硝酸和鹽酸組成的混合物，其中混合比例為1:3。這種溶液是少數幾種能夠溶解金和鉑的物質，常常被用在蝕刻工藝和一些分析過程中。

　　在王水中，單獨的鹽酸或者硝酸都不能溶解金。但它們聯合起來後，硝酸是一種非常強烈的氧化劑，它可以溶解極微量的金，而鹽酸則可以與溶液中的金離子反應，形成氯化金，使金離子離開溶液，這樣硝酸就可以進一步溶解金了。這就是王水能夠溶解金的原理。

威廉‧赫歇爾（西元1738年～1822年），英國天文學家，恆星天文學的創始人，被譽為恆星天文學之父。是第一個確定了銀河系形狀大小和星數的人。

浪子回頭發明的試劑

化學試劑是指一類具有各種標準純度，用於教學、科研、分析測試，並可做為某些新型工業所需的純和特純的功能材料和原料的精細化學品。

1871年5月6日，法國美麗的海濱小城瑟堡市，一個名叫格林尼亞的小男孩出生於一家很有名望的造船廠業主的家裡。富有的家庭環境讓父母們分外溺愛這個孩子，於是，不出所料，這個孩子成長為整個瑟堡市知名的紈袴子弟。

格林尼亞21歲了，他仍然整天無所事事，尋歡作樂，出入各種舞會，與許多姑娘交往密切，似乎他就是為這種事情而活的。他並不知道，這個城市的人都對他避之則吉，他還以為自己分外的優秀，討人喜歡呢！

有一次，瑟堡市的上流社會又舉行舞會，格林尼亞自然不肯放過，他來到會場，挑選中意的舞伴，打算大出風頭。然而，意想不到的事情發生了。當他向一位美麗端莊、氣質非凡的女公爵伸出邀請之手時，這來自巴黎的女公爵毫不客氣地回絕了他，她鄙夷地說：「請快點走開，離我遠一點，我最討厭像你這樣不學無術的花花公子擋住了我的視線！」

格林尼亞傻住了，長這麼大以來，第一次碰到這麼實實在在的釘子。他不知道，平日裡，正直的人們都躲著他，讚美、奉承他的，都是些油腔滑調的小人。直到今天，他才知道，原來他在人們心目中是這樣的形象。他又氣又惱，羞憤難當，往日的威風、傲氣和蠻橫一掃而空。

這位花花公子痛苦地回到家裡，閉門不出。他檢討自己的行為，認為自己虛度年華，毫無意義。自尊心趨使他要奮鬥、要向上、要進步。於是，格林尼

亞決心離家出走，重新開始自己的生活。他給家人留下一封信：「請不要來看我，讓我重新開始，我會戰勝自己，創造出一些成績來的……」

浪子回頭金不換。格林尼亞離開家後，來到里昂，想進大學讀書，但他學業荒廢太多了，根本沒資格入學。

面對打擊，下定決心的格林尼亞毫不氣餒，而是駐留在里昂，一邊苦讀，一邊誠懇地聯繫各個學校，希望得到讀書的機會。他的誠懇打動了拜路易‧波韋爾教授，這位教授收留了他。有了老師輔導，經過兩年刻苦學習，格林尼亞終於補上了過去所耽誤的全部課程，進入里昂大學插班就讀。

在大學學習期間，格林尼亞繼續苦學，非常認真，成績十分優異。幸運之神再次垂青了這位回頭浪子，他贏得了有機化學權威菲力浦‧巴比埃的器重。巴比埃對他悉心指導，讓他把自己曾經做過的所有著名的化學實驗重新做了一遍。這個過程，對格林尼亞產生重大影響。他在大量的實驗中發明了格氏試劑，對當時有機化學發展產生了重要影響。有鑑於此，1912年瑞典皇家科學院決定授予他諾貝爾化學獎。

然而，格林尼亞卻說：「這是在重複老師的實驗中發明的，成就應該屬於我們兩人。」

巴比埃當然不會搶奪學生的成就，他堅持說：「這是格林尼亞大量艱苦工作的回報，正是他使得該試劑大量推廣使用，我建議以格式試劑為其命名。」

格林尼亞獲獎的消息傳到瑟堡，他的家鄉震驚了。昔日的紈袴子弟，經過八年的艱苦努力，居然成了傑出的科學家，瑟堡為此特地舉行了慶祝大會。最令格林尼亞大感意外的是，他竟然受到了當初拒絕自己的女公爵的來信，信中

只有寥寥數語：「我永遠敬愛你。」

　　格林尼亞試劑，又稱格氏試劑，是化學試劑的一種。它是透過與含羰基物質（醛、酮、酯）進行親核加成反應實現的，是親核加成反應很好的反應物，在烷基鎂鹵一類有機金屬化合物合成醇類化合物中有特殊功效。這種反應又稱做格林尼亞反應。

　　格氏試劑用途很廣，它能發生加成——水解反應，使甲醛、其他醛類、酮類或羧酸酯等分別還原為一級、二級、三級醇。它能與含有活潑氫的有機物發生取代反應以製作烷烴。

　　它還能與大部分含有極性雙鍵、三鍵的有機物發生加成反應。所以，利用格氏試劑可以合成許多有機化學基本原料，如醇、醛、酮、酸和烴類，尤其是各種醇類。

羅伯特・戈達德（西元1882年～1945年），是美國最早的火箭發動機發明家，被公認為現代火箭技術之父。1926年3月16日在麻塞諸塞州沃德農場成功發射了世界上第一枚液體火箭。

摔碗摔出來的肥皂

肥皂的主要成分是高級脂肪酸的鈉鹽和鉀鹽。這些鹽的分子，一部分能溶於水，叫「親水基」；另一部分卻不溶於水，而溶於油，叫「親油基」。當肥皂分子與油污分子相遇的時候，肥皂的親水基溶於水，而親油基則溶於油中。

古埃及的法老胡夫打算舉辦一個盛大的宴會，他告訴王宮裡的廚子們，好好準備宴會，不能出一點差錯。為了鼓勵他們好好工作，法老制訂了嚴明的紀律，如果出錯，會有嚴厲的懲罰在等著他們；如果工作出色的話，也會有大大的獎賞！廚子們得到命令，一個個忙得團團轉，都希望得到法老的獎賞。

這些廚子裡有一個十歲左右的小幫工，他剛剛到宮裡的廚房不久，跟著師傅們從早忙到晚，從晚忙到早，十分辛苦，累得頭昏眼花，也不敢坐下來休息一下，就怕主管說他不賣力，工作懶散，而受到懲罰。

儘管如此，小幫工還是出錯了。這天，他正在跑來跑去地忙碌著，聽見師傅喊道：「羊油，我這裡需要羊油，快給我送過來！」他一連催了幾次，小幫工連忙到櫥櫃前，捧起一碗羊油跑過去。可是，裝羊油的碗太滑了，他又心急，結果，剛到灶台前，他手裡的碗就滑落了，掉進灶邊的炭灰裡。

師傅眼見發生了這種情況，四處張望，見無人注意他們，悄聲對小幫工說：「快，把碗扔到垃圾桶裡，再把這堆炭灰清理出去。」他想了想，又補充道：「整理乾淨好好洗洗手，別讓人看出來。」

小幫工聽了師傅的話，急忙把碗扔了，又蹲下身子往外清理炭灰。他將混著羊油的炭灰一把把捧到外面，很快就清理乾淨。

小幫工處理完炭灰後，心裡鬆了一口氣，他想，看來沒人發現我出的差錯，不用擔心受罰了。他這樣邊想著，邊走到水盆邊洗手。當他把手放進盆裡時，奇怪的情況發生了：他的手上出現一些白糊糊的泛著泡沫的東西。他搓了搓，泡沫似乎更豐富了。這是什麼呢？他急忙用水沖了沖，結果，更為神奇的一幕出現在眼前，他的手特別乾淨，一點油膩也沒有了。要知道，在廚房工作，總是與油煙打交道，身上、手上經常油膩膩的，很難清洗。

這次，小幫工望著自己潔白又乾爽的雙手，心裡說不出的好奇，連忙跑過去給師傅看。師傅驚訝極了，多年來，他最頭痛的就是一雙手整天油膩膩的，永遠洗不乾淨。現在，小幫工的手神奇地乾淨了，他不由得發出感慨，急忙招呼他人過來觀看。其他廚子們聽說後，紛紛圍過來，當他們看到小幫工潔淨的雙手時，無不奇怪地詢問原因。小幫工就把自己剛剛的經歷簡單地說一遍。廚子們聽了，也用混著羊油的炭灰洗手。真是神奇，他們手上的油污不見了，一雙雙手乾乾淨淨，泛著白亮的光澤。

廚子們大為喜悅，他們高興地議論著。

有的說：「這下好了，再也不用為油污煩愁了。」有的說：「沒想到，我的手還能洗得這麼乾淨。」還有一個廚子開心地說：「我的手整天油膩膩的，連我的孩子都不要我抱，這下好了，我的孩子肯定要我抱了。」

不久，這件事傳到法老胡夫的耳朵裡，他特地叫來小幫工，親自檢查他的雙手。當他看到小幫工潔白亮澤的雙手時，也覺得很神奇，於是命人用羊油和炭灰做成一個個小小的球狀體，供宮裡的人使用，效果真的很不錯。法老特別高興，他發佈命令，在全國推廣使用這種混和物。從此，全國每個人都用它來洗手，手變得乾淨多了。

後來，這件事越傳越遠，用的人也越來越多。經過科學家研究，發現了其中的奧秘，他們不斷改進技術，使其方便實用，我們今天使用的肥皂就這樣誕生了。

當用肥皂洗油污時，肥皂中的親水基溶於水，而親油基則溶於油中。也就是說，親油基可以與油分子結合，而親水基則與水分子結合，這樣一來，肥皂分子就將原來互不相溶的油和水結合在一起，進而使得油污脫離衣、物、身、手，隨水而去。這也是小幫工能夠洗乾淨手的原因所在。

除了上述基本原理以外，肥皂去污過程還包括其他複雜的現象。首先，肥皂需要具有濕潤作用。為了使水分子易於滲透到織物組織中，為了使污物易於分散到液體中，必須降低水的表面張力，這就要求肥皂具有表面活性。其次，肥皂需要具有分散作用或膠溶作用。油漬、污物脫離衣物後，與水結合成膠體溶液，這就要求肥皂分子是分散劑。最後，肥皂還有保護作用。為了防止膠體溶液中的各種分子聚沉，用肥皂洗滌時常見到起泡現象，起泡和表面張力的降低有密切的關係，它間接地增加了肥皂的攜污能力。

普瓦松（西元1781年～1840年），法國數學家、物理學家和力學家。他第一個用衝量分量形式寫分析力學，使用後稱為普瓦松括弧的運算符號；他所著《力學教程》在很長時期內被做為標準教科書。

遊戲啟發的印刷術

印刷術普及了教育，提高了閱讀能力和增加了社會流動的機會。可以說，幾乎現代文明的每一進展，都或多或少與印刷術的應用和傳播發生關聯。

畢昇發明活字印刷術之前，古代印書，都是把書刻在整塊整塊的木板上印，既麻煩又費時。

當時，許多負責印書刻字的低級官吏，因為長時間伏案工作，勞累過度，身體都受到了嚴重損傷。畢昇就是這樣的一名官吏，他跟隨師傅工作已有好幾年了。師傅年紀大了，工作了幾十年，彎腰駝背，眼睛幾乎看不見。看到師傅和同事們深受刻字之苦，畢昇經常想：要是能夠提高工作效率，不用這麼辛苦的刻字，那該多好。

有一年清明，畢昇帶著妻子、兒女回老家祭祖。

這是他難得清閒的時日，於是經常跟孩子一起玩耍。有一天，他看見兩個兒子玩辦家家酒，他們用泥做成了鍋、碗、桌、椅、豬、人，隨心所欲地排來排去。畢昇看著看著，忽然靈機一動，他想，我何不用泥刻成單字印章，不就可以隨意排列，排成文章嗎？想到這裡，他大為興奮，立即投入試驗中。

經過多次試驗後，他成功了。他選擇細膩的膠泥製成小型方塊，在上面刻上凸面反手字，用火燒硬，按照韻母分別放在木格子裡，這就是活字。印刷時，他在一塊鐵板上舖上松香、蠟和紙灰等黏著劑，按照字句段落將一個個活字依次排放，再在四周圍上鐵框，用火加熱。待黏著劑稍微冷卻時，用平板把版面壓平，完全冷卻後就可以印了。

用這種方法印刷非常清晰簡便，而且印完後，把印版用火一烘，黏著劑熔化，拆下一個個活字，留著下次排版再用，省略了重新刻字的麻煩和辛苦。

畢昇的發明引起師傅和同事們極大的興趣，他們高興地說：「《大藏經》5000多卷，雕了13萬塊木板，一間屋子都裝不下，花了多少年心血！如果用這種辦法，幾個月就能完成了！真是太神奇了。」他們紛紛詢問畢昇發明活字印刷的過程。

當他們聽說畢昇從孩子們遊戲中受到啟發時，一位同事忍不住說：「每家的孩子都玩這種遊戲，為什麼偏偏只有你發明了活字印刷呢？」

這時，畢昇的師傅開口說：「畢昇早就在琢磨提高工效的新方法了！冰凍三尺非一日之寒啊！」

大家聽了，恍然大悟，無不流露出欽佩的神色。

活字印刷術是中國古代的四大發明之一，它的發明極大地提高了印刷效率。後來德國人谷登堡對中國古代活字版印刷術進行了改進和發展，使之在世界各國廣泛應用，直到現在，仍為當代印刷方法之一。

19世紀，印刷工業逐漸機械化。

1860年，美國生產出第一批輪轉機，以後德國相繼生產了雙色快速印刷機、印報紙用的輪轉印刷機，1900年，他們又製造了6色輪轉機。從20世紀50年代起，印刷技術不斷與新興科學技術結合，進入了現代化的發展階段。90年代，電腦全面進入印刷領域，彩色桌面出版系統普及使用。

印刷術對人類的思想和整個社會產生了十分重大的影響。它促進了宗教改革和文藝復興，有助於許多民族文字和文學的建立。

另外，印刷術普及了教育，提高了閱讀能力。如在早期德國的教會改革中就有出身鞋匠和鐵匠家庭的教士和牧師。這充分說明印刷術能為地位低下的人提供改善社會處境的機會。總之，幾乎現代文明的每一進展，都或多或少地與印刷術的應用和傳播發生關聯。

麥克斯韋（西元1831年～1879年），世紀偉大的英國物理學家、數學家。著有電磁場理論的經典巨著《論電和磁》，1871年負責籌建著名的卡文迪什實驗室，擔任第一任主任。

第三章

科學定津及理論

蘋果砸出的萬有引力定律

萬有引力定律是解釋物體之間的相互作用的引力的定律。兩物體間引力的大小與兩物體的品質的乘積成正比,與兩物體間距離的平方成反比,而與兩物體的化學本質或物理狀態以及仲介物質無關。

著名作家伏爾泰曾經寫過一本名叫《牛頓哲學原理》的書,在這本書裡,他為我們講述了科學家牛頓的一個小故事:

1665年秋天,牛頓坐在自家院子的蘋果樹下,正在苦思冥想一個問題,這個問題已經困擾他很久了,長期以來,他一直認為,一定有某種神秘的力量存在,是這種無形的力量拉著太陽系中的行星圍繞太陽旋轉。但是,這到底是怎樣的一種力量呢?

此時,秋陽已經漸漸偏西,溫暖的陽光照在院子的草地上,景色柔和舒暢,蘋果樹上掛著不少紅紅的果實,飽滿圓潤,散發出沁人心脾的芳香。但是,這一切對於牛頓來說,似乎並不存在,他陷入沉思之中,他想的是神秘的、太陽與行星之間的力量。

牛頓已經坐了大半天,太陽慢慢西沉,他不由得想到:今天的思索不會有進展了嗎?這種神秘的力量還不肯與我見面嗎?

當他準備起身進屋的時候,突然,一個物體從樹上掉下來,骨碌碌地滾到他的腳邊。牛頓吃了一驚,忙俯身觀看,發現竟是一個又紅又大的蘋果,躺在他的腳邊不動了。他好奇地彎腰撿起蘋果,就在這一瞬間,他產生了很多疑問:為什麼蘋果會落在地上?蘋果為什麼不飛到空中或者其他方向?這究竟是

什麼原因造成的？一連串的問題讓他大感興奮，他立刻重新坐下來，握著蘋果想了很多很多。

牛頓從蘋果落地的現象中，聯想到自己思索的神秘力量，終於找到了蘋果落下的原因——引力的作用，這種來自地球的無形力量拉著蘋果落下，正像地球拉著月球，月球便圍繞地球轉動，太陽拉著行星，行星便圍繞太陽轉動一樣。

雖然這個故事的真實性不可考證，但不可否認的是，伏爾泰為我們講述了一個精彩的故事，而且經口耳相傳，已成為最動人的傳聞。牛頓家的那棵蘋果樹，也被劍橋大學移植到校內，用來紀念這位偉大的科學家。

其實，牛頓發現了萬有引力之後，並不是立即就得到公認的。當時，他在皇家學會的支持下，開始撰寫力學巨著。可是寫作佔用了牛頓大量時間，他曾一度認為這項工作是毫無意義的。後來發生的事情又使牛頓幾乎放棄了寫書。

首先，牛頓開始寫作不久，就遇到了經費問題。支持他寫作的皇家學會由於經濟困難，無法承擔出版這本書的全部費用。

接著，另一位科學家胡克發難，提出萬有引力定律的雛形——平方反比定律是由他提出來的。所以，他要求牛頓在力學著作中對這點做特別的說明，以保持胡克對於平方反比定律的發現權。

牛頓非常生氣，打算中止寫作。這時，支持他寫書的哈雷焦慮萬分，決定無論如何也要促成這部意義重大的巨著的出版，他開始四處奔波，並拿出自己

的全部積蓄支援書稿出版。在他再三勸說之下，牛頓終於被他的熱忱感動，認為自己太意氣用事了，於是主動協調與胡克的關係，繼續寫作。

經歷了異常艱辛的寫作，1687年4月，牛頓的著作《自然哲學的教學原理》終於完成了。哈雷等人對它預先進行了評價：「千秋萬世將讚美這本著作。」太陽系中，引力無處不在，正是引力的作用，樹上的蘋果才會落下來，而不是飛到空中去；也因此，太陽系中的行星才會圍繞太陽旋轉不停。

也許有人會問，既然地球上的物體之間存在著萬有引力的相互作用，為什麼我們卻絲毫也察覺不出來呢？這是因為地球上的物體對地球來說，品質非常小，他們之間互相作用的引力與地球吸引它們的重力相較的話，實在微不足道，所以我們平時根本察覺不出來。

還有人提出這樣的不解，既然地球吸引著月亮，太陽吸引著地球和各個行星，為什麼月亮不落向地球，而地球和各個行星也沒有被吸引到太陽上去呢？

這是由於月亮環繞地球、地球以及各個行星環繞太陽運轉的速度太大了。比如在高山上發射炮彈，炮彈在重力作用下，會在空中劃出一條拋物線而落地。炮彈發射的距離與速度有關，發射的速度越大，它落地前經過的距離就越遠，彈道曲線的彎曲程度也減小。要是給予這顆炮彈足夠大的速度，彈道曲線就會始終和地面平行，這顆炮彈就不會落回地面。因此我們也就明白，為什麼月亮不落向地球、地球和各個行星沒有被吸引到太陽上去。

牛頓（西元1643年～1727年），英國物理學家、天文學家和數學家。建立了三條運動基本定律和萬有引力定律，並建立了經典力學的理論體系。

金冠上的阿基米德定律

浸入靜止流體中的物體，其所受到的流體浮力，等於物體所排開流體的品質，方向與重力相反而鉛垂向上，作用線透過所排開流體的形心。

美國的貝爾在《數學人物》上是這樣評價阿基米德的：「任何一張開列有史以來三個最偉大的數學家的名單之中，必定會包括阿基米德，而另外兩位通常是牛頓和高斯。不過以他們的宏偉業績和所處的時代背景來比較，或拿他們影響當代和後世的深邃久遠來比較，還應首推阿基米德。」

西元前287年，古希臘西西里島的敘拉古城邦內誕生了一位男嬰，這個孩子後來成為偉大的科學家，被後人稱頌。他就是創建機械學理論的阿基米德。說起阿基米德的科學創造，有好幾個有趣的故事。

有一天，敘拉古國王亥尼洛邀請阿基米德聊天。國王與阿基米德的父親是親戚，兩家常有往來。交談中，阿基米德說：「給我一個槓桿，我能撬動地球。」亥尼洛國王聽了，笑著說：「你這樣說我不反對，因為誰也無法用事實證明它。」阿基米德知道國王不相信自己，大膽地提出：「國王陛下，您可以任意找一個非常重的東西，由我一個人來搬動，以驗證我說的真假。」國王答應阿基米德，親自挑了一艘三桅大木船，要求阿基米德搬動它。

阿基米德接受要求，並開始積極準備。

一個人搬動一艘大木船，這可是件轟動的新聞，城邦內的人們紛紛湧向預定的地點，前來看熱鬧。他們看到，船上裝了一個螺旋，還有一根很長的帶搖柄的螺桿，密密麻麻的繩索和滑輪從大船連到螺桿上。這時，阿基米德出現

了，他面對國王和眾人，不慌不忙地搖著手柄，奇蹟出現了：大船果真在移動！人群驚奇地議論著，國王也睜大了好奇的眼睛。

阿基米德停止搖動，走到國王面前，請國王親手搖動手柄。國王接過手柄，輕輕一搖，大船聽話地向前移動。此時，人們再也無法控制激動的情緒，熱烈地鼓掌，高聲地歡呼。國王立即向大家宣佈：「大家聽著，我下令，從今天起，無論阿基米德說什麼，都要相信他。」

後來，阿基米德不斷地努力，取得了很多成就。為了防備羅馬人的進攻，他接受了亥尼洛國王的命令，製造了許多作戰機器。亥尼洛國王逝世後，羅馬人終於出兵攻打敘拉古，羅馬將軍馬塞拉斯率領陸軍和一個艦隊攻城，此時，阿基米德的奇才在戰爭中顯露出來了，他發明的放石炮、帶著鳥嘴般巨大鐵鉗的木桿等，給了敵軍沉重打擊。

後來，新國王赫農做了一頂純金的王冠。王冠做好後，國王懷疑工匠搗鬼，在金冠中摻了銀子，可是，金冠的重量與當初交給金匠的純金一樣重，到底工匠有沒有搗鬼呢？金冠十分的精美，國王又不願意破壞它。為此，國王覺得十分棘手，他不知道如何才能既檢驗了真假，又不會破壞王冠。這個問題難倒了所有大臣。最後，國王讓阿基米德來解決這個難題。

阿基米德接到命令後，冥思苦想了很多方法，但都不管用，始終測不出金冠的真假。難道沒有辦法了嗎？阿基米德帶著這個困惑，一天到晚地思索著。這天，他準備洗澡，他一坐進澡盆，就發現水不斷地往外溢，同時感到身體向上浮。看著看著，他恍然大悟，一下子跳出澡盆，顧不得穿衣服就向王宮奔去，他一邊跑一邊大聲喊著「尤里卡」、「尤里卡」。「尤里卡」是當地語言，意思是「我知道了」。他知道什麼了？

　　原來，他看到自己的身體進入水中後，水就會排出來，那麼，金冠放入水中，也會排出水來。如果將金冠與同等重量的金子放到水中，排出的水量一樣多，金冠就沒有摻假，相反，金冠就摻了別的金屬。

　　阿基米德進入王宮後，透過試驗，果真測出了金冠的真假。後來，阿基米德將其歸納總結，提出了有名的浮力定律，該定律就被命名為阿基米德定律。

　　誰能想到，著名的阿基米德定律竟是在這樣的情況下被提出並證實的。之後，這個定律成為流體靜力學的重要原理，它的含意是：浸入靜止流體（可以是液體，也可以是氣體）中的物體，其所受到的流體浮力，等於物體所排開流體的品質，方向與重力相反而鉛垂向上，作用線透過所排開流體的形心。物體的一部分浸入液體時，受到的浮力同樣可以按照阿基米德定律計算，就是說，液面以下物體浸沒部分的體積等於排開的液體體積。

　　在實際生活中，阿基米德原理得到了廣泛的應用。比如，液體比重計就是根據阿基米德原理設計的，當一定重量的比重計插入液體時，測量所排開的液體體積（對應於浸沒高度），即可求得液體比重。再比如，船舶、氣球、飛艇等，都是靠浮力支持的。

　　另外，阿基米德原理在造船和海洋工程的浮體平衡方面也有重要應用。

> 阿基米德（約西元前287年～西元前212年），古希臘物理學家、數學家，靜力學和流體靜力學的奠基人。發現了浮力定律，也就是有名的阿基米德定律。

小醫生與啤酒匠
的能量守恆定律

能量守恆定律定義為，能量既不會憑空產生，也不會憑空消失，它只能從一種形式轉化為別的形式，或者從一個物體轉移到別的物體，在轉化或轉移的過程中其總量不變。

邁爾是一名德國醫生，他喜歡探索，遇事總愛問為什麼。

1840年2月22日，他身為一名隨船醫生跟著一支船隊來到印尼。一天，當船隊在加爾各達登陸時，船員因水土不服都生起病來，依照舊例，邁爾開始給船員們進行放血治療。這是邁爾十分熟悉的治療方法，因此實施起來並不困難。但是，這次他卻發現了一個新問題。

以前醫治這種病人，只要在病人的靜脈血管上紮一針，就會放出一股黑紅的血來，這就基本達到治療目的了。可是現在他發現，從船員的靜脈裡流出的仍然是鮮紅的血。這是怎麼回事呢？邁爾非常好奇，他知道，人的血液裡面含有氧，所以，血液才是紅色的。血液到了靜脈時，氧氣減少，顏色變暗。可是，為什麼在這裡人體靜脈中的血液還如此鮮豔呢？只有一個答案，靜脈血液裡的氧氣依然很充沛。

對於這個現象，邁爾陷入沉思中，經過推斷，他得出一個結論，血液在人體內燃燒產生熱量，維持人的體溫。這裡天氣炎熱，人要維持體溫不需要燃燒那麼多氧了，所以靜脈裡的血仍然是鮮紅的。可是，這個結論又引發了一個新問題，人身上的熱量到底是從哪裡來的？

心臟的運動根本無法產生如此多的熱量，無法光靠它維持人的體溫。那體溫是靠全身血肉維持的，而這又靠人吃的食物而來，不論吃肉、吃菜，都一定是由植物而來，植物是靠太陽的光熱而生長的。太陽的光熱呢？——經過一系列猜想，他大膽地推出，太陽中心約2750萬度（實際上是1500萬度），是它提供給植物大量的能量，而後動物靠吃植物來維持生命，這歸結到一點，就是能量如何轉化的問題。

邁爾為自己的發現和設想大感興奮，他一回到漢堡就寫了一篇《論無機界的力》，並用自己的方法測得熱功當量為365千克米/千卡。他將論文投到《物理年鑑》，希望引起更多科學家注意。然而，《物理年鑑》覺得他荒誕不經，不予發表，他只好將文章發表在一本名不見經傳的醫學雜誌上。

更可怕的是，物理學家們對邁爾的話不屑一顧，鄙夷地稱他為「瘋子」，詆毀他的聲譽。在眾人打擊之下，就連他的家人也認為他的神志出現了問題，請醫生為他治病。得不到人們理解的邁爾深陷苦惱之中，不久後就跳樓自殺，雖然僥倖救回了一條命，卻精神失常了。

到了1847年，這年的英國科學協會的現場來了一位啤酒廠老闆。他站在會議主席面前，極力懇求參加這次會議。這個人叫焦耳，是位啤酒製造者，卻十分熱愛科學。兩年前，在劍橋舉行的學會會議上，他當場做試驗，宣佈了震驚四座的一則理論：自然界的力（能）是不能毀滅的，哪裡消耗了機械力（能），總得到相當的熱。

當時，台下坐滿了赫赫有名的大科學家，他們對焦耳的理論大加否定，有位叫威廉‧湯姆遜的科學教授甚至很不禮貌地當場退出會場。現在，焦耳又來到科學協會會議現場，並且帶著自己最新的試驗，主席知道他又要大發奇談怪

論了，因此不肯同意他參加會議。焦耳耐心地說服主席，說：「只要很短時間，我就可以做完試驗。」

主席再三思慮，決定道：「既然這樣，就給你幾分鐘，你必須快速做完試驗，但是不能做任何報告。」

焦耳接受了主席的要求，為實驗積極準備。輪到他上台了，他抓住這幾分鐘，一邊當眾示範他的新試驗，一邊解釋說：「大家看，機械能是可以轉化為熱能的，反過來說，熱也可以轉化為功……」他的話還沒有說完，就聽台下有人大喝一聲：「胡說，熱是一種物質，與功無關！」頓時，會場裡一片喧嚷，人們將目光聚集到說話人身上。原來，他正是威廉·湯姆遜，一直反對焦耳關於能量轉化的理論。

焦耳當然知道湯姆遜的大名，但他毫不畏怯，冷靜地面對著湯姆遜，說道：「如果熱不能做功，那麼蒸汽機的活塞為什麼會動？能量要是不守恆，為什麼人類總是製造不出永動機？」

幾句平淡的話，使得會場歸於平靜。台下的科學家們陷入沉思中，有的人還走到焦耳的儀器前，左看右看，認真探究。

焦耳在會議上的試驗就這樣結束了。雖然他沒有發表報告，但引起了許多科學家的重視。特別是在會議上出言不遜的湯姆遜，他回到家後，開始認真做試驗，找資料，分析研究焦耳提出的理論。結果，他發現了前面所提到的小醫生邁爾所發表的文章，大吃一驚，於是趕緊去找焦耳，希望與他共同討論能量轉化問題。

在啤酒廠，湯姆遜見到了焦耳，並且得知了邁爾已精神失常，他大為惋

惜，真切地對焦耳說：「焦耳先生，你們在這樣艱苦的環境下探索科學真理，真得讓人佩服。我今天是來認錯的，希望您能原諒我，原諒一個科學家在新觀點面前的無知。」

焦耳熱情地歡迎湯姆遜，並與他成為好友，兩人一起做試驗，探討問題，在共同努力下，他們寫作完成了能量守恆和轉化定律。

在自然界中，存在著各式各樣不同形式的能量，這些能量的形式與運動形式相對應，這些能量既不是憑空產生的，也不會憑空消失，他們之間可以相互轉化，從一種形式轉化為別的形式，或者從一個物體轉移到別的物體，但是在轉化或轉移的過程中，其總量不變。這就是著名的能量守恆定律。

總之，不管是何種形式的能量，一定遵守轉化和守恆的規律，要是它減少了，肯定會以其他形式表現出來，其他形式的能量就會增加。這種減少和增加保持平衡，總量相等。同樣的，如要某個物體的能量減少，一定存在其他物體的能量增加，減少的量和增加的量也一定相等。

焦耳（西元1818年～1889年），英國自學成材的物理學家。當自由擴散氣體從高壓容器進入低壓容器時，大多數氣體和空氣的溫度都會下降，這一現象後來被稱為焦耳——湯姆生效應。

比薩斜塔上的自由落體

不受任何阻力，只在重力作用下而降落的物體，叫「自由落體」。如不考慮大氣阻力，在該區域內的自由落體運動是勻加速直線運動。

西元前3世紀，古希臘有一位著名的科學家、哲學家、教育學家——亞里斯多德。他是柏拉圖的學生，亞歷山大國王的老師。他的科學著作，涉及天文學、動物學、胚胎學、地理學、地質學、物理學、解剖學、生理學等諸多方面，其知識之淵博，令人咋舌。也因此，他所提出的理論，都被後人奉為圭臬，絕不敢質疑。

然而，1700年後的義大利，有位青年勇敢地向千年之前的大師提出了質疑，他，就是伽利略。

伽利略是偉大的科學家，他為了追求真理，多次提出非比尋常的見解，因此招來很多人反對和嘲諷。在他年輕時，曾經做過一次轟動世界、影響深遠的試驗，就是著名的比薩斜塔落體試驗。

在伽利略之前，人們普遍認同古希臘的亞里斯多德提出的主張，認為物體下落的快慢是不一樣的。它的下落速度和它的重量成正比，即物體越重，下落的速度越快，物體越輕，下落的速度越慢。比如說，10噸重的物體，下落的速度要比1噸重的物體快10倍。

亞里斯多德的主張已經通行了1700多年，人們一直尊奉它為真理，從來沒有人提出過質疑。可是，年輕的伽利略根據自己的經驗推理，大膽質疑，認為這個說法不對。

　　為了證實自己的懷疑，伽利略決定親自動手做一次實驗。他經過深思熟慮，選擇了比薩斜塔做實驗場。

　　這天，伽利略帶了兩個大小一樣但重量不等的鐵球來到比薩斜塔前。這兩個鐵球一個是實心的，重100磅；另一個是空心的，只有1磅重。他站在比薩斜塔上面，望著塔下。只見塔下面站滿了前來觀看的人，原來大家聽說伽利略準備做試驗的事，紛紛趕來看熱鬧。他們議論紛紛，對伽利略表示懷疑和嘲諷。有人說：「瞧，這個年輕人一定是神經有問題，他怎麼會懷疑亞里斯多德呢？」周圍人附和說：

「是啊，亞里斯多德的理論不會有錯的！」

　　議論聲沒有嚇住伽利略，他兩手各拿一個鐵球，對著下面大聲喊道：「下面的人們，你們看清楚，鐵球就要落下去了。」

　　說完，伽利略張開兩手，鬆開鐵球。兩個鐵球平行下落，幾乎同時砸向地面。看到這個情景，所有人都睜大了眼睛，吃驚地看著這一切，整個場地上鴉雀無聲。

　　伽利略用試驗推翻了亞里斯多德的學說，揭開了落體運動的秘密。這個實驗在物理學的發展史上也具有了劃時代的重要意義。

在物理學中，自由落體指的是不受任何阻力，只在重力作用下而降落的物體。常見的落體就是在地球引力作用下由靜止狀態開始下落的物體。

自由落體速度勻速增加，想要得到它瞬間的速度，可用公式v=gt來計算；而它直線下落，位移的計算公式為$h=1/2gt^2$。

根據自由落體的這個特點，科學界創造發明了很多實用物品，比如降落傘。傘兵從飛機上跳下時，若不張傘下降速度會非常快，而張開傘，增加阻力後，速度會減慢很多。經過測試發現，傘兵如果不張傘跳下，其終端速度約為50米／秒，而張傘時的終端速度約為6米／秒。

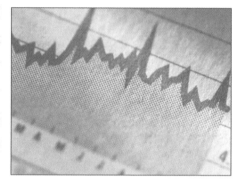

第谷‧布拉赫（西元1546年～1601年），丹麥天文學家和占星學家。發現了許多新的天文現象，如黃赤交角的變化、月球運行的二均差，他編製的一部恆星表相當準確。

愛迪生的槓桿原理自來水

槓桿原理亦稱「槓桿平衡條件」。作用在槓桿上的兩個力的大小跟它們的力臂成反比。欲使達到平衡，動力臂是阻力臂的幾倍，動力就是阻力的幾分之一。

1868年，愛迪生搬到了波士頓。此時，他取得了他第一項發明的專利，這是一個自動投票記錄儀，可惜的是，他很快地發現，這個東西無法給他帶來利潤，沒有一個政治家願意購買它，因為他們都喜歡自己親自查選票。第二年，愛迪生到了紐約，在這裡他賣出了自己的第一台機器，一台證券行情自動記錄收報機，他賺了4萬美元。靠著這筆收入，他辦起了自己的工程諮詢業務所，從此開始了他的商業行為。

七年後，他在新澤西辦起了自己的工業用實驗室。這個實驗室成為發明的出產地，總共有1093項發明從這裡產生。其中有389項是關於電燈和電力的，195項是關於留聲機的，150項是關於電報的，141項是關於蓄電池的，還有34項是關於電話的。也許你更想不到的是，連小小的橡皮擦也是出自愛迪生那天才的大腦。

除了這些惠及眾人的發明之外，愛迪生還熱衷於給自己的家庭發明各式各樣的省力工具，留下了許多有趣的小故事。有一年，愛迪生到別墅避暑，在那裡，他發現有很多不便，尤其是給屋頂上的水池蓄水，需要一個人來回提水上下好幾次，費時又費力。看到這種情況，愛迪生轉動大腦，想出一個方法。

他將別墅的大門上安裝了一個裝置，這個裝置連接了地下水與屋頂上的水池。只要推動大門，就能將地下的水壓到屋頂水池裡。這個裝置安裝好後，愛迪生又動用智慧的大腦，改進了別墅內很多設備，代替了許多繁重的家務事。

不久後的一天，愛迪生坐在別墅內思考問題，恰好來了位好友。這位好友進門後就抱怨道：「你的別墅大門太緊了，趕緊修理一下吧！」愛迪生不慌不忙地說：「我剛剛做了改善，有什麼不對嗎？」

好友說：「我剛才進來時，用盡吃奶的力氣才推開大門！」愛迪生笑了，以安慰的語氣說：「不要緊，你推開大門雖然用了不少力氣，可是也不算什麼大難題。但是你這一推，已經給屋頂上的水池壓進了將近30公升的水，多麼方便。」愛迪生給屋頂水池蓄水，是運用槓桿原理而使力進行多次傳遞來實現的。

槓桿原理是古希臘科學家阿基米德提出的，當時，阿基米德說過一句話：「假如給我一個支點，我就能把地球挪動！」這句話流傳數千年，成為人們理解槓桿原理的一句名言。

在中國歷史上，也有關於槓桿的記載。戰國時代的墨子就在《墨經》中提出了相關的規律。在《墨經》中，他將砝碼叫做「權」，懸掛的重物叫做「重」，支點的一邊叫做「標」（力臂），另一邊叫做「本」（重臂），這正切合了槓桿原理的基本內容。墨子還進一步提出，如果兩邊平衡，槓桿必然是水平的。在平衡狀態下，加重其中一邊，必將使另一邊下垂。這時想要使兩邊恢復平衡，應當移動支點，使「本」縮短，「標」加長。而在「本」短「標」長的情況下，假若再在兩邊增加相等的重量，那麼「標」這一端必定下垂。

科里（西元1896年～1984年），美國生物化學家，提出「科里循環」的假設。發現了葡萄糖的磷酸醋形式及磷酸化在糖代謝中的重要意義，與奧賽共同榮獲1947年諾貝爾生理或醫學獎。

遊戲中的帕斯卡定律

帕斯卡定律指的是在封閉容器中，靜止流體的某一部分發生的壓強變化，將毫無損失地傳遞至流體的各個部分和容器壁，壓強等於作用力除以作用面積。

有一個有趣的笑話：

一群偉大的科學家去世後在天堂裡玩捉迷藏遊戲，他們追來藏去，玩得很開心。

下一個輪到愛因斯坦抓人了，他按照規矩閉上眼睛，從1數到100，然後睜開眼睛準備抓人。

這時，他發現科學家們都藏起來了，而牛頓卻站在原地，一動也不動。

愛因斯坦毫不遲疑，直接走過去，拉住牛頓的衣服笑著說：「牛頓，我抓住你了。」

牛頓並不躲閃，而是平靜地說：「不，你沒有抓到牛頓。」

愛因斯坦一驚，問道：「我抓住了你，你不是牛頓是誰？」

牛頓舉起手指指腳下，說：「你看我腳下是什麼？」

愛因斯坦順著他的手低頭望去，看到牛頓站在一塊長寬都是一米的正方形的地板磚上。他想了想，仍然深感不解，不明白這代表什麼道理。

牛頓卻笑了，慢條斯理地說：「我腳下是一塊1平方米的方磚，我站在上面就是牛頓／平方米，所以你抓住的不是牛頓，你抓住的是帕斯卡。」

愛因斯坦一聽，哭笑不得。

故事中的帕斯卡便是率先論述液體壓強的傳遞問題的人。後人為紀念帕斯卡，就用他的名字來命名壓強的單位，簡稱「帕」。1帕斯卡＝1牛頓／平方米。

在日常生活中，我們經常看到一個現象，當一條水管中沒有水時，管子是扁的；而一旦水管接到水龍頭上灌進水時，就變成圓柱形了。如果水管上扎了幾個洞，情況就不妙了，水會從小洞裡噴出來，噴向四面八方。水本來是在水管中往前流的，為什麼能把水管撐圓？又為什麼會噴出四面八方？

幾百年前的法國，有位年輕人也對此深產好奇。

他叫帕斯卡，父親是位數學家，因此他從小接受了良好的教育，對於數學、物理都有濃厚的興趣。帕斯卡喜歡思索，愛問為什麼，他從水管的變化中受到啟發，心想：莫非水不是只往前流，而是對四面八方都產生了作用力？

帶著這個疑問，帕斯卡投入試驗中，他製造了一個球，取名「帕斯卡球」。這個球是一個表面有許多小孔的空心球，球上連接一個圓筒，筒裡有可以移動的活塞。把水灌進球和筒裡，向裡壓活塞，水便從各個小孔裡噴射出來，成了一支「多孔水槍」。

從這個試驗中，帕斯卡得出結論，液體能夠把它所受到的壓強向各個方向傳遞。水管灌滿水以後變成圓柱形，就是因為水管裡的水把自來水裡的壓強傳遞到了帶壁的各個部分的結果。

細心的帕斯卡進一步觀察，看看球中噴出的水柱哪個最遠。觀察的結果卻是每個孔裡噴出水的距離都差不多遠。也就是說，每個孔受到的壓強都相同。

經過反覆多次試驗，帕斯卡堅定了自己的觀察結論，總結出液體傳遞壓強的基本規律，這就是著名的帕斯卡定律。

帕斯卡和牛頓一樣，也是一位傑出的科學家，他提出了帕斯卡定律，奠定了流體力學的基礎。

帕斯卡定律指的是在封閉容器中，靜止流體的某一部分發生的壓強變化，將毫無損失地傳遞至流體的各個部分和容器壁，壓強等於作用力除以作用面積。

根據帕斯卡定律，在水力系統中的一個活塞上施加一定的壓強，必將在另一個活塞上產生相同的壓強增量。所有的液壓機械都是根據帕斯卡定律設計的，所以帕斯卡也被稱為「液壓機之父」。

赫茲（西元1857年～1894年），德國物理學家，對人類最偉大的貢獻是用實驗證實了電磁波的存在，開創了無線電電子技術的新紀元。

比上帝還挑剔的泡利原理

泡利在量子力學方面的主要貢獻是發現了泡利不相容原理。此原理指在原子中不能容納運動狀態完全相同的電子。

20世紀的奧地利，誕生了一位天才物理學家，他叫沃爾夫岡·泡利，對相對論及量子力學做出了傑出貢獻，並因發現「泡利不相容原理」（Exclusion Principle）而獲得1945年諾貝爾物理學獎。然而，他生性尖刻，特別愛挑剔，因此在科學界留下了很多趣聞。

有一次，泡利受邀出席國際會議，在會議上，他見到了偉大的科學家愛因斯坦，並傾聽了愛因斯坦的演講。當所有人報以熱烈掌聲的時候，泡利站起來，很平淡地說：「我覺得愛因斯坦不完全是愚蠢的。」

還有一次會議上，泡利聽完義大利物理學家塞格雷的報告後，與他以及很多科學家一起離開會議室時，毫不客氣地對他說：「我從來沒有聽過像你這麼糟糕的報告。」當時，所有人都吃了一驚，而塞格雷一言未發。

更令人吃驚的是，泡利想了一想，竟然回頭對與他們同行的瑞士物理化學家布瑞斯徹說：「不過，如果是你做報告的話，情況會更加糟糕。當然，你上次在蘇黎士的開幕式報告除外。」對於這種當面的指責，大部分人都感到汗顏，因此對泡利既敬畏又無奈。

除了對同行的事業苛責、挑剔外，泡利的尖刻還表現在日常生活中。有一次，泡利想去一個地方，但不知道該怎麼走，一位同事好心告訴他。後來，這位同事又熱心地問他，有沒有找到那個地方，沒想到泡利諷刺地說：「在不談

論物理學時，你的思路應該說是清楚的。」

另外，泡利對於自己的學生也毫不客氣。有一次一位學生寫了論文請泡利過目，過兩天學生問泡利的意見，泡利把論文還給他說：「連錯誤都稱不上。」

在泡利生活的年代裡，在物理學界曾經流傳一句笑談：「當泡利在哪裡出現時，那兒的人不管做理論推導還是實驗操作一定會出岔錯。」這就是有名的泡利效應。也因此，他還被埃倫菲斯特稱為「上帝的鞭子」。

然而，如此的一個人，獲得的卻是所有人的尊重。因為，他的尖刻與挑剔，正是出於對科學的尊重與求真精神，因此，儘管刻薄，泡利的敏銳和審慎、挑剔還是受到不少科學家的尊重，其中，玻爾就稱他為「物理學的良知」，因為他具有一眼就能發現錯誤的能力。

他好爭論，但絕非不尊重他人意見。當他驗證了一個學術觀點並得出正確結論後，不管這個觀點是他自己的還是別人的，他都興奮異常，如獲至寶，而把爭論時的面紅耳赤忘得一乾二淨。正是他對於真理的莊重態度，他才贏得了玻爾、玻恩等知名科學家的喜愛。

1945年，泡利獲得了諾貝爾獎，普林斯頓高等研究院為他開了慶祝會，愛因斯坦為此在會上專門演講表示祝賀。後來，泡利寫信給波恩說：「當時的情景就像物理學的王傳位於他的繼承者。」這並不是誇耀和自大，沒有人能否認，泡利確實是可以繼承愛因斯坦的物理學家。

據說，人們十分渴望聽到泡利說：「哦，這竟然沒什麼錯。」因為這代表著極高的讚許。有人根據泡利的性格，還編了一則笑話，說泡利死後去見上帝，上帝把自己對世界的設計方案給他看，泡利看完後聳聳肩，說道：「您本

來可以做得更好些……」

泡利不相容原理指原子中不能容納運動狀態完全相同的電子。比如氦原子，它的兩個電子雖然在相同的軌道上，伸展方向相同，但是自旋方向是相反的。由此可以得知，在原子的每一軌道中只能容納自旋相反的兩個電子。

核外電子排列遵循泡利不相容原理、能量最低原理和洪特規則。

泡利不相容原理是量子力學中的一個著名原理。根據此原理，泡利處理了 h/4p 自旋問題，引入了二分量波函數的概念和所謂的泡利自旋矩陣。透過泡利等人的研究，後來的科學家瞭解到只有自旋為半徑整數的粒子才受不相容原理的限制，進而確立了自旋統計關係，推動了量子力學的建立和發展。

伽利略（西元1564年～1642年），義大利物理學家、天文學家和哲學家，近代實驗科學的先驅者。伽利略創製了天文望遠鏡，繪製了第一張月球圖，開闢了天文學的新時代。

業餘數學家之王的費馬大定理

當n＞2時，$x^n+y^n=z^n$沒有正整數解。這就是數學上著名的「費馬大定理」，由科學家費馬在17世紀提出。

1610年，費馬出生於法國南部博蒙‧德‧洛馬涅一個富裕的家庭。良好的教育和富裕的環境，讓他自然而然地選擇了律師這一人人羨慕的職業。在當時，法國將很多的職務明碼標價，公然出售，因此，還未畢業，費馬就已經成為「律師」和「參議員」。等到他30歲返回家鄉的時候，已經是當地的議員了。

在當時，為了保持法官的公正，是不鼓勵他們社交。不過這對費馬來說，正好可以讓他將所有的空閒時間用於鑽研他最喜愛的數學。儘管從未受過任何專業教育，但對數學強烈的興趣卻也足以讓他成為17世紀最偉大的數學家。

在費馬的一生中，他極少發表自己的作品，直到去世後，他的長子薩繆爾將他的著作集結出版，人們才知道，原來這位溫和的法官同時也是一位不為人知的天才數學家。他的費馬大定理，也是他在閱讀巴歇校正的丟番圖《算術》時，在卷2命題8的一條頁邊做出的批註中提出，直到1670年他的長子出版了巴歇的書的第二版，將此批註同時出版，這條定理才走入人們的視線。

一經出版，費馬大定理立刻成為世界上最著名的數學問題，無數的數學家都希望能夠證明它。20世紀初，一位德國工業家佛爾夫斯克將其遺產10萬馬克設立了一個獎項，給予世界上第一個能解決費馬最後定理之人，但一直未有人能夠解決此問題。

直到1993年6月21日，美國劍橋大學牛頓數學研究所的研討會正式發表，聲

明困擾數學界幾個世紀的費馬大定理解決了。這個報告立即震驚了整個數學界，也引起多年來關注此事的社會大眾的注目，成為大家談論的焦點。解決這個問題的數學家名叫威利斯，他發表聲明後，發現證明中存在瑕疵，於是又和學生花了14個月的時間加以修正。

1994年9月19日，他們終於交出完整無瑕的解答，數學界的夢魘到此結束。

1997年6月，威利斯在德國哥廷根大學領取了佛爾夫斯克爾獎。此獎項的金額為10萬馬克，在當年懸賞時價值200萬美金，不過經過多年時間，威利斯領到時，只價值5萬美金左右。儘管如此，威利斯已經名列數學青史，永垂不朽了。當n＞2時，$x^n+y^n=z^n$沒有正整數解。這就是數學上著名的「費馬大定理」，由科學家費馬在17世紀提出。為了獲得它的一個肯定的或者否定的證明，歷史上幾次懸賞徵求答案，一代又一代最優秀的數學家都曾研究過。

費馬提出這個定理時，就聲稱已經解決了這個問題，但是沒有公佈結果，於是留下了這個數學難題中少有的千古之謎。幾百年以來，無數數學家為此絞盡腦汁，始終得不到準確的答案。即使現代電腦發明以後，也只能證明：當n小於或等於4100萬時，費馬大定理是正確的。現在，威利斯已經證明了此定理，即要證明費馬最後定理是正確的（$x^n+y^n=z^n$對n≧3均無正整數解）只需證明$x^4+y^4=z^4$和$x^p+y^p=z^p$（P為奇質數），都沒有整數解。

卡羅瑟斯（西元1896年～1937年），美國有機化學家。1935年以己二酸與己二胺為原料製作聚合物。將這一聚合物熔融後經注射針壓出，在張力下拉伸為纖維。訂名為耐綸，又稱尼龍，是最早實現工業化的合成纖維品種。

驕傲的彈簧啓發胡克定律

胡克定律，又名彈性力定律。內容為：在彈性限度內，彈簧的彈力f和彈簧的長度變化量x成正比，即f=-kx。k是物質的彈性係數，它由材料的性質所決定，負號表示彈簧所產生的彈力與其伸長（或壓縮）的方向相反。

胡克是17世紀英國最傑出的科學家之一。他在力學、光學、天文學等多方面都有重大成就。他所設計和發明的科學儀器在當時是無與倫比的。

1665年胡克任格雷山姆學院幾何學、地質學教授，並從事天文觀測工作。1666年倫敦大火後，他擔任測量員以及倫敦市政檢查官，參與了倫敦重建工作。在這些工作中，他接觸到了彈簧，進而產生了濃厚的興趣。

從古代起，人們就從建築工作中獲得了大量有關材料強度方面的知識，其後，很多科學家都做過這方面的實驗。

比如，義大利著名的科學家達·芬奇，曾經用鐵絲吊起一個籃子，然後慢慢向籃中加沙子，當鐵絲斷裂的時候，記下沙子的重量，以此觀測鐵絲的強度；無獨有偶，伽利略也做過類似的實驗，他還測量過懸臂樑加上重物以後的彎曲程度。

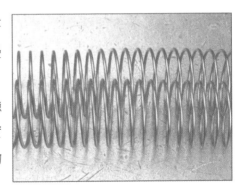

胡克接觸到了彈簧，自然想起前輩們做過的各種測驗，他準備也來研究一下彈簧，看看它到底具備哪些性能。

　　這天，胡克在實驗室裡掛起一根彈簧，然後，不住地在彈簧的另一端加重量。他先是掛上衣服、器具，隨後又掛上板凳、桌椅，隨著重量增加，彈簧不斷伸長，最後這根彈簧竟然圍繞室內一圈。胡克觀測著，心裡很激動，他想，彎曲的彈簧變直了，越來越長，承擔的重量也越來越大，它們之間有沒有必然的關聯呢？

　　為了明確彈簧的性能，胡克天天觀測各種彈簧的現象，實驗室裡掛滿了各式各樣的彈簧。它們有的掛著沉重的物體，有的掛著很少的東西，總之，彈簧長短不一，曲直不同，就像是一個巨大的鐵絲世界一樣。經過多次試驗，他將各種資料列在一起時，發現了一個規律：彈簧上所加重量的大小與彈簧的伸長量成正比。

　　這一發現，使胡克十分興奮，他繼而產生了更廣泛的聯想：很多物體具有彈性，它們是不是也和彈簧一樣，具有這種性質呢？他開始進行更多的試驗。這次，他選擇了錶的游絲做實驗。

　　他把錶的游絲固定在黃銅的輪子上，加上外力使輪子轉動，游絲便收縮或放鬆。改變外力的大小，游絲收縮或放鬆的程度也會改變。實驗結果顯示，外力與游絲收縮或放鬆的程度成正比。

　　胡克非常激動，他又找來各種物體，觀察它們的彈性性能，結果都得出同樣的結論。就連一根木棍，在外力變化的情況下，發生彎曲的程度也有變化。從一系列試驗中，胡克最終得出了一個結論：任何有彈性的物體，彈性力都與它伸長的距離成正比。

　　1678年，胡克寫了一篇《彈簧》論文，向人們介紹了對彈性物體實驗的結果，為材料力學和彈性力學的發展奠定了基礎。

　　不過，也有人說，最早發現這一定律的應該是中國人。原來，早在胡克1500年前，東漢的經學家和教育家鄭玄（西元127～200年）就在為《考工記‧弓人》一文的「量其力，有三鈞」一句中做註解時寫到：「假設弓力勝三石，引之中三尺，馳其弦，以繩緩擐之，每加物一石，則張一尺。」正確地展示了力與形變成正比的關係。

　　自從胡克發現彈性規律以後，很多科學家在此領域進行了進一步研究工作，進而發展和完善了彈性力定律。

　　19世紀科學家湯瑪斯‧楊在總結胡克等人的研究成果上，指出彈性體的伸出量有一定限度，如果超過這個限度，彈性體就會斷裂，彈性力也就不適用了。另外，他還推算出施加給彈性體的外力與不同物體的改變之間的比例常數，這個常數被人們稱為楊氏模量。

　　從胡克到湯瑪斯‧楊，透過多位科學家長期努力地研究，最終準確地確立了物體的彈性力定律。後人為了紀念胡克的開創性工作和取得的成果，便把這個定律叫做胡克定律。

　　施塔林（西元1866年～1927年），英國生理學家。1915年首次宣佈「心的定律」的發現，對循環生理做出獨創性成就。1902年與裴理斯合作，發現刺激胰液分泌的促胰液素，1905年首次提出「激素」一詞。

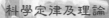

擺的等時性原理

擺的等時性原理指的是擺動的週期與擺動的長度的平方根成正比，而與擺錘的重量無關。這就是著名的「擺的等時性原理」。

　　1582年，伽利略18歲，正在比薩城的一所學校主修醫學，準備將來有一天成為一名醫生。這個職業也許不合他的意，看起來他學的並不是十分投入，而是迷戀著許多不可思議的自然現象，經常陷入各式各樣的胡思亂想中。又是一個禮拜天，伽利略像往常一樣，隨同學們一起去比薩大教堂做禮拜。

　　教堂裡跪滿了信徒，大家屏息靜氣地聽著主教演講，十分沉寂。突然，外面颳進一陣風，吹得教堂頂端懸掛的一盞吊燈來回擺動。擺動的吊燈鍊條發出嘀滴答答的聲音，在肅穆的教堂裡顯得格外清脆。

　　伽利略不由得抬頭看了一眼吊燈，這一看卻引起他極大的興趣，他目不轉睛地觀察吊燈的擺動，早已忘記主教的演講。伽利略究竟發現了什麼呢？

　　原來，伽利略發現吊燈的擺動會隨著風變小，而且越來越微弱。

　　這是很正常的自然現象，然而伽利略卻看出了特別的東西。他覺得雖然吊燈擺動的振幅小了，但是所需時間似乎沒有變化。這樣想著，伽利略開始檢驗自己的觀察結果，他用右手指按在左手腕的脈搏上，透過測量脈搏的跳動來觀

察吊燈的擺動次數。

要知道脈搏跳動是十分規律的，據此，伽利略得出了一個令人驚奇的結果：不論吊燈擺動的幅度多大，每擺動一次所需用的時間的的確確是相同的。這個結果讓伽利略大吃一驚，簡直如遭雷擊一般。

多少年來，人們對於擺動一直尊奉一條規則，那就是亞里斯多德提出的「擺動幅度小，則需要的時間少」這樣的定律。現在，伽利略卻意外發現擺動的振幅與時間之間沒有這種關係，這是偉大的發現還是錯覺？伽利略一刻也坐不住了，他不等禮拜完畢，站起來迅速跑回家去。

回到家後，伽利略迫不及待地進行了試驗，他找來一個沙鐘，準備好筆、墨水、紙張，以備記錄各種實驗資料。為了精確的得到試驗資料，他還請了自己的教父來幫忙。

伽利略對教父說：「我有一個偉大的發現，請您幫忙。」教父看到他準備的材料，以為他又要進行什麼奇怪的試驗，便說：「好吧！不知道這次你要試驗什麼？」

伽利略對他說了自己在教堂裡發現的問題，然後說想要證明擺動和時間的關係問題。教父聽了，畫著十字說：「偉大的亞里斯多德已經對這個問題進行了明確地闡述，難道他錯了嗎？孩子，你要進行的可是一項太冒險的試驗了。」

伽利略自然清楚自己挑戰的是什麼，但他毫不遲疑，說服教父，開始了試驗。他和教父拿著長度相同的繩子，每根繩子的一端都掛著相等重量的鉛塊，他們將繩子分別繫在柱子上。然後，伽利略手拿兩個鉛塊，分別將繩子拉到離垂直線不同的位置上，同時放開手裡的鉛塊。於是繩索開始自由擺動，他和教

父分別記錄不同鉛塊的擺動情況，然後將結果加以比較。

經過反覆多次試驗，伽利略發現，兩根繩索來回擺動的次數總數是一樣的。也就是說，不管兩根繩索的擺動幅度如何，它們需要的時間相同。因此，伽利略發現了擺動的規律，提出了著名的「擺的等時性原理」，推翻了一千多年來亞里斯多德關於擺動的錯誤定論。

不論擺動的振幅大小，完成一次擺動的時間是相同的。擺動的週期與擺動的長度的平方根成正比，而與擺錘的重量無關。這就是伽利略年輕時發現的著名的「擺的等時性原理」。

後來，荷蘭的科學家猶更斯根據這個原理，製造出了掛擺的時鐘，進而將時間的誤差減少到以秒來計算。到了今天，擺的等時性原理不僅被運用到時鐘上，還可以用於計數脈搏、計算日食和推算星辰的運動等方面。同時，還可以根據此週期公式，利用單擺測定各地的重力加速度。

鮑羅丁（西元1833年～1887年），俄國作曲家、化學家。在化學研究上，最早製成苯甲醯氯，曾探索醛類縮合反應。

三段論推出的演繹推理

演繹推理的主要形式是三段論，即大前提、小前提和結論。大前提是一般事理；小前提是論證的個別事物；結論就是論點。

亞里斯多德是人類歷史上難得一見的偉大思想家、哲學家、科學家，他推廣教育，研究科學、文化以及多種領域的問題，成就卓著，達到幾乎無人可比的地步。

亞里斯多德出生在醫學之家，他的父親是馬其頓王國的宮廷醫生，家境優裕，所以，他從小就接受了良好的教育。17歲時，他師從思想家柏拉圖，成為著名的柏拉圖學園的一名學生。這對師生之間具有非比尋常的關係，他們的故事也廣為流傳。

亞里斯多德在學園裡勤奮攻讀，涉獵廣泛，進步很快。柏拉圖十分看重他，認為他非常聰明，思維敏捷，不同於一般人。同時，柏拉圖也嚴格約束他，柏拉圖曾經說過：「要給亞里斯多德戴上韁繩。」的話，認為如不加以管教，亞里斯多德就不會成為自己期望的人。而亞里斯多德呢，他很尊敬自己的老師，然而，在許多問題上，他卻具有自己獨特的見解和看法，並經常與老師理論爭辯。好多次，他都把老師問得答不出來。他曾說過：「我愛我的老師，但是我更愛真理。」

柏拉圖去世後，亞里斯多德離開學園，成為馬其頓王國的太子亞歷山大的老師。後來，亞歷山大繼位，亞里斯多德到雅典辦學。

亞里斯多德來到雅典後，提出了對青年學生必須進行「智育、德育、體育」

三方面教育的理論，並積極付諸實施。

他還提出了劃分年級的學制，主張對不同年齡層的學生，分別施以不同的小學、中學教育。同時，他還主張，在學生們中學畢業之後，還要對其中的優秀分子繼續培養，這是大學的初步構想。他因此創辦了呂克昂學園。

在辦學期間，亞里斯多德得到亞歷山大國王的大力支持，先後為他提供了800金塔蘭（每塔蘭重合黃金60磅）的經費。亞里斯多德在呂克昂學園裡建立了歐洲第一個圖書館，裡面珍藏了許多自然科學和法律方面的書籍。這個學校成為古希臘科學發展的主要中心之一。

在呂克昂學園，亞里斯多德帶領學生們進行生物學研究，解剖各種動物，他們在無數次解剖試驗中，發現了一條規律：動物進化越是高級，它的生理機構也就越複雜。為了支持他們做試驗，亞歷山大甚至通告全國，凡是獵手和漁夫抓到稀奇古怪的動物，都要送到亞里斯多德那裡。

當然，在呂克昂學園，學生們還要接受其他教育，其中思想和哲學教育佔有很大比例。他們的學習方法靈活多樣，學習氛圍自由寬鬆。於是，在西元前320年前的雅典城郊外，人們常常看到一幅場景：年過60的亞里斯多德，身邊跟隨著十多位青年，他們有時候在樹林中逍遙自在地漫步交談，有時候坐在山谷溪旁的大石塊上熱烈地討論著。他們正在學習討論亞里斯多德提出的「三段論」。

有些學生仍有困惑，提問道：「老師，您再講講『三段論』大前提、小前提、結論……」

亞里斯多德微微笑著，慢慢地說：「在希臘，有個十分有趣的諺語：如果

你的錢包在你的口袋裡，而你的錢又在你的錢包裡，那麼，你的錢肯定在你的口袋裡。這就是一個非常完整的三段論。明白了嗎？」

學生們點點頭，一個個陷入深深地思索中。

正是在這種孜孜不倦地教誨下，呂克昂學園的學生們大多進步很快，學業優異，並在個個行業取得巨大成就。這也是亞里斯多德的偉大功績之一。

三段論是演繹推理或演繹論的基本形式，它的特點是從普遍性結論或一般性事理推導出個別性結論，要求一般原理即大前提必須正確，而且要和結論有必然的關聯，不能有絲毫的牽強或脫節，否則會使人對結論的正確性產生懷疑。因此，演繹推理也常被稱之謂一種必然性推理，或保真性推理，反映了論證與論點之間由一般到個別的邏輯關係。

直到今天，科學家常常採用演繹推理法來推理各種試驗或知識。比如，在整個宇宙中，宇宙的「統一性」知識成為演繹邏輯的最根本性前提，或者說是絕對真理或「先驗」真理，而其他科學知識則都隱含於這個大前提之中。

波義耳（西元1627年～1691年），英國化學家和自然哲學家。倫敦皇家學會創始人之一，由於研究氣體性質而聞名，是近代化學元素理論的先驅。

愛因斯坦的相對論

相對論是關於時空和引力的基本理論，它的基本假設是光速不變原理、相對性原理和等效原理。

阿爾伯特‧愛因斯坦創立的相對論，是科學發展史上劃時代的里程碑。但是對於相對論，並不是所有人都能理解和接受的，為此，曾經發生過幾個有意思的故事。

愛因斯坦晚年時，很多青年學生都尊敬地向他請教相對論問題。有一次，一群學生請他解釋什麼是相對論。愛因斯坦想了想，看著這群風華正茂的青年，打了一個生動而幽默的比方，他說：「當你和一個美麗的姑娘坐在一起兩個小時，你會感到好像只坐了一分鐘；但要是在熾熱的火爐邊，哪怕只坐一分鐘，你卻感到好像是坐了兩小時。這就是相對論。」

學生們聽了，開心而會意地笑起來。

有一次，愛因斯坦和朋友出去溜冰，他不小心滑倒了。旁邊的人趕緊過來將他扶起，調侃地說：「愛因斯坦先生，根據相對論的理論，您並沒有摔倒，只是地球忽然傾斜了一下，對嗎？」愛因斯坦坦然地說：「先生，我同意你的看法，但這兩種理論對我來說，都是一樣的。」

20世紀30年代，他在巴黎大學演講時說：「如果我的相對論被證實了，那麼德國人會說我是一個德國人，而法國人則會說我是世界公民。但是，如果我的理論被證明是錯的，那麼，法國人會說我是一個德國人，而德國人則會說我是個猶太人。」對他來說，這也是相對論。

關於相對論，也有來自各方的批判。1930年，德國出版了一本批判相對論的書，書名叫做《一百位教授出面證明愛因斯坦錯了》。

愛因斯坦聽說此事後，並沒有當一回事，只是聳聳肩膀說：「100位？幹嘛要這麼多人？只要能證明我真的錯了，哪怕是一個人出面也就足夠了。」

可見，他對於自己的理論抱有堅定的信念，對於科學抱有不怕錯的態度。

這一點也反映在他的日常工作中。有一年，愛因斯坦到普林斯頓大學工作，他來到辦公室後，負責人員問他需要什麼東西。愛因斯坦看了一下室內，簡單地說：「一張書桌或台子，一把椅子和一些紙張、鉛筆就行了。啊，對了，還要一個大廢紙簍。」他用雙手比劃了一下。

負責人員奇怪地問：「為什麼要大的？」

「好讓我把所有的錯誤都扔進去。」愛因斯坦平靜地回答。

愛因斯坦創立的相對論是關於時空和引力的基本理論，分為狹義相對論和廣義相對論。相對論提出了「同時的相對性」、「四維時空」、「彎曲空間」等全新的概念，極大地改變了人類對宇宙和自然的「常識性」觀念。它和量子力學構成了現代物理學的兩大基本支柱，奠定了經典物理學基礎的經典力學。

狹義相對論建立在四維時空觀上。四維時空的意義在於時間是第四維座

標，與空間座標有關聯。

這可以用一個簡單的試驗來說明，一把尺在三維空間裡（不含時間）轉動，它的長度不會改變，但旋轉它時，它的各座標值均發生了變化，且座標之間是有關聯的。也就是說時空是統一的、不可分割的整體，它們是一種「此消彼長」的關係。

廣義相對論是愛因斯坦將相對性原理推廣到非慣性系的結果，它有三個原理，一、廣義相對性原理。指的是在一切參考系中，不同參考系可以同樣有效地描述自然律。二、光速不變原理。指的是光速在任意參考系內都是不變的。三、等效原理，即慣性品質與引力品質完全相等。

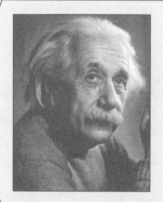

愛因斯坦（西元1879年～1955年），舉世聞名的德裔美國科學家，現代物理學的開創者和奠基人。他創立了相對論宇宙學，大大推動了現代天文學的發展。

弱互作用下的宇稱不守恆

物理學上，「宇稱」可解釋為「左右對稱」或「左右交換」，「宇稱不變性」就是「左右交換不變」。或者「鏡象與原物對稱」。根據左右對稱性就可引伸出「宇稱守恆定律」，但在弱相互作用下宇稱不守恆。

　　來自中國的楊振寧23歲時到美國留學，師從著名的物理學大師費米、泰勒教授等人。當時，他希望寫一篇實驗論文，於是到艾里遜教授的實驗室做研究工作，打算製造一套40萬伏的加速器。

　　可是，楊振寧雖然具備紮實的理論基礎和理論能力，卻缺乏實驗能力，結果在實驗中多次失敗。18個月以後，實驗室傳出一個笑話：凡是有爆炸的地方，一定有楊振寧。以此說明他做實驗的失敗程度。

　　在重視實驗的物理學領域，缺乏實驗能力還能有什麼成就呢？楊振寧陷入苦思之中。有一天，泰勒教授對他說：「你的實驗是不是不太成功？其實，你不必堅持一定要寫實驗論文。你已寫了理論論文，就用這篇論文做為畢業（博士）論文吧！我可以做你的導師。」

　　這句話給楊振寧極大的鼓舞，從此他堅定了自己奮鬥的方向，專心攻研物理學理論方面的難題。

　　兩年後，楊振寧到著名的普林斯頓研究院工作。在那裡，有許多世界級科學大師，學術氛圍極其濃厚。不久，楊振寧就結識了來自中國的李政道，兩位年輕人志同道合，在科學領域共同努力，取得很大進步。1954年，他們開始關注宇稱不守恆問題。在物理學中，對稱性具有非常深刻的含意，指的是物理規

律在某種變換下的不變性，根據左右對稱性就可引伸出「宇稱守恆定律」。然而，楊振寧和李政道透過理論分析發現，在弱相互作用過程前後，宇稱可能不守恆。

為了證明自己的假設，他們設計了一系列可用來檢驗宇稱是否守恆的實驗方案，設計的原則是要安排兩套實驗裝置，它們嚴格地互為鏡象，然後在這兩套裝置中觀測弱作用過程，看看兩套裝置中出現的是不是互為鏡象的現象。

這個大膽的提議引起物理學界的廣泛關注，1956年4月，第6屆國際高能物理會議在羅切斯特大學召開。楊振寧和李政道同時出席這次會議，在最後一天的討論會上，他們應邀做該問題的介紹報告。

結果，這次報告取得了極大的影響，物理學家費曼和布洛克與他們交流看法，共同討論。一個月後，楊振寧和李政道正式提出宇稱不守恆的假設。為了證明預言的正確性，他們找到了吳健雄博士。吳健雄有許多新巧的物理實驗技術，廣泛為其他物理學家所採用，許多物理學家在實驗上遭遇到困難，也會尋求她的協助。吳健雄博士隨即答應了他們的請求，與華盛頓美國國家標準局的阿貝爾博士商討合作這一實驗的可能性。她在極低溫度（絕對零度以上攝氏0.01度）的磁場中，觀測鈷60衰變為鎳60，及電子和反微子的弱交換作用，果然電子及反微子均不遵守宇稱守恆原理。

1957年，美國物理學會邀請楊振寧和李政道在年會上介紹這一成果。當時，會場爆滿，擠滿了來自世界各地的科學家、記者、學者，他們懷著各種不同的心情前來傾聽震驚科學界的宇稱不守恆定律。由於人太多了，有些人為了能夠清晰地看到報告場面，甚至爬上了吊燈，站到桌子上。楊振寧和李政道非常激動，他們介紹了自己的成果，還當場做了實驗，只聽會場上不時爆出熱烈

的掌聲。這次報告會再次獲得成功。

宇稱不守恆定律是如此的重要，一向矜持的瑞典皇家科學院也打破了常規，不到一年就把物理學獎授予了這兩名年輕的中國人，當時，楊振寧36歲，而李政道不過32歲，他們因此攀登上科學最高峰，位居世界一流科學家的行列。

楊振寧和李政道提出的宇稱不守恆定律，打破了物理學領域傳統的宇稱守恆定律原則，是20世紀的重大發現之一。

在物理學上，宇稱是內稟宇稱的簡稱。通俗地說，宇稱就是粒子照鏡子時鏡子裡的影像。以前人們根據物理界公認的對稱性認為，宇稱一定是守恆的。然而，1956年楊振寧、李政道提出在弱相互作用下宇稱不守恆定律，並透過原子核 β 蛻變的實驗證實，在弱相互作用過程中宇稱守恆定律不成立。之後，在宇稱不守恆基礎上，許多物理學家透過多種實驗，相繼有了重大發現。

哥白尼（西元1473年～1543年），波蘭天文學家，日心說創立者，近代天文學的奠基人。創立日心說，否定了在西方統治達一千多年的地心說。日心說是天文學上一次偉大的革命，不僅引起了人類宇宙觀的重大革新，而且從根本上動搖了歐洲中世紀宗教神學的理論支柱。

時間簡史揭示的宇宙起源

在經典物理的框架裡，霍金證明了黑洞和大爆炸奇點的不可避免性，黑洞越變越大。但在量子物理的框架裡，黑洞因輻射而越變越小，大爆炸的奇點不但被量子效應所抹平，而且整個宇宙正是起始於此。

在一架飛機上，一個美國商人津津有味地讀著霍金的《時間簡史》。鄰座一個老者有些驚訝地說：「你能看懂這本書嗎？我就看不懂。」

「這麼有趣的書還看不懂？」商人大叫起來。於是給這位老者熱情講解。最後，當他想起來問一下這位聽講者的職業時，老者謙恭地回答：「我是蘇聯科學院院士。」

這本《時間簡史》，是史蒂芬‧霍金的作品。書中，他以最簡單通俗的語言，娓娓道來，其想像豐富、構思奇特，展現了探索時間本質和宇宙最尖端的知識，是對於宇宙起源和生命基本理念的通俗性概論。這本書，也被當作是對愛因斯坦相對論的最好註解。史蒂芬‧霍金，被稱為在世的最偉大的科學家，當今的愛因斯坦。

每一個初次看到他的人都會驚訝。他們看到的是一個骨瘦如柴的人斜躺在電動輪椅上。他要用很大的力量才能抬起頭來，他不能寫字，看書必須依賴一種翻書頁的機器，讀文獻時必須讓人將每一頁攤平在一張大辦公桌上，然後他驅動輪椅如蠶吃桑葉般逐頁閱讀，二十多年前他就失去了語言能力，只能靠機器發聲。儘管如此，他還是獲得了全世界人民的尊重。

有一次，40歲的霍金在輪椅上參加了一個宇宙學大會，這次會議是教皇科

學院主辦的，地點就在聖城梵蒂岡。當然，教皇科學院向來與傳統科學界觀點不同，特別是關於宇宙的問題，雙方存在較大分歧。霍金的主要科學成就，在於宇宙論方面，他的演講與宗教觀念的「宇宙觀」自然有不一致的地方。然而，在這次會議中，霍金得到了非比尋常的禮遇，使得每位與會者都大感驚訝。

這天，不常露面的教皇出面接見各國客人。他坐在平台高高的椅子上，表情嚴肅，巍然不動。根據規定，客人們必須從平台的一邊走過去，跪倒在教皇面前，輕聲與他交談幾句，然後從平台的另一側離開。

客人們一個個過去了，輪到霍金時，他駕駛著輪椅上了平台。這時，只見尊貴的教皇做出了出人意料的舉動，他離開座位，跪下來，與霍金面對面注視著。兩人處在同一水平線上開始交談。他們談論的時間超過剛才教皇與所有客人交談的時間。後來，教皇站起來，輕輕揮一揮長袍上的灰塵，微微笑著與霍金告別，目送他坐在輪椅上緩緩離去。

這個過程驚動了在場的每一個人，他們知道，就在幾天前，霍金還在會上談論過「無邊宇宙論」，也提出過無需造物主創造宇宙，這與基督教的理論完全相反。對教徒來說，教皇則是上帝在地球的代表，是上帝創造了一切。要是以前，霍金恐怕早就受到教會的指責和懲罰了，而今天，教皇破天荒跪在這位科學家面前，折服他的，恐怕正是霍金偉大的科學理論了。

霍金和教皇非比尋常的交談，可以看做是古今宇宙論的對話。宇宙論是一門既古老又年輕的學科。在古代，世界各地人們提出過各式各樣關於宇宙來源

的學說，像中國的盤古開天，西方的上帝創世等等。

自從哈伯發現星系光譜的紅移現象，推斷出越遠的星系以越快的速度離我們而去，整個宇宙處於膨脹的狀態之後，科學界對於宇宙起源有了嶄新的認識。科學家們認為，估計在100億到200億年前，宇宙從一個極其緊致、極熱的狀態中大爆炸而產生。1948年，伽莫夫預言說早期大爆炸的輻射仍殘留在我們周圍，不過由於宇宙膨脹引起的紅移，其絕對溫度只剩下幾度左右，在這種溫度下，輻射是處於微波的波段。這個預言，透過1965年彭齊亞斯和威爾遜觀測到宇宙微波背景輻射得以證實。

以往，人們認為空間、時間是有邊界的，這樣，就必須承認一點，宇宙需要第一推動力。之後，霍金等科學家透過不斷努力，在經典物理的框架裡，證明了空間、時間一定存在奇點。奇點是空間、時間的邊緣或邊界。奇點否定了空間、時間有邊界的說法，進而解決了第一推動力的問題。量子宇宙論使宇宙論成為一門成熟的科學，它是一個自足的理論，即在原則上，單憑科學定律我們便可以將宇宙中的一切都預言出來。

麥哲倫（西元1480年～1521年），葡萄牙著名航海家和探險家，完成第一次環球航行。被認為是第一個環球航行的人。

病床上發現的大陸漂移說

大陸漂移說是解釋地殼運動和海陸分佈、演變的一種假設。大陸彼此間以及相對於大洋盆地間的大規模水準運動，稱大陸漂移。

西元2世紀，地圖學家托勒密繪出了第一張世界輪廓圖，西元16世紀初，麥哲倫的環球航行驗證了這張世界輪廓圖。在這數百年的時間裡，有無數人都認真地看過這張世界輪廓圖，然而，卻沒有任何一個人看出來，這地圖上藏著一個極大的秘密。

秘密終究會被揭開的。1880年，一個叫魏格納的男孩出生於德國。這活潑好動的小男孩從小就喜歡幻想和冒險，這個夢想一直伴隨著他長大，於是，他決定攻讀氣象學，給將來探險做準備。1905年時，剛剛25歲的他就獲得了氣象學博士學位。1906年，他終於實現了少年時代的遠大理想，加入了著名的丹麥探險隊，來到了格陵蘭島，從事氣象和冰川調查。

1910年的一天，年輕的魏格納因病住進了醫院。病房雖然安逸舒適，可是魏格納是閒不下來的，他百無聊賴，不知該如何打發時間。有一天，他實在是太無聊了，便開始對著牆上的世界地圖畫各個大陸的海岸線。他畫完了南美洲，又畫非洲；畫完了大洋洲，又畫南極洲。忽然間，他的手指停了下來，手指停在地圖上南美洲巴西的一塊突出部分，眼睛卻盯住非洲西岸呈直角凹進的幾內亞灣。「奇怪！大西洋兩岸大陸輪廓的凹凸，為什麼竟如此吻合？」他的腦海裡再也平靜不下來：非洲大陸和南美洲大陸以前會不會是連在一起的，也就是說，它們之間原來並沒有大西洋，只是後來因為受到某種力的作用才破裂分離的。那麼，大陸會不會是漂移的呢？

　　病床上的魏格納興奮了，他開始投入緊張的研究中。他收集了包括海岸線的形狀、地層、構造、岩相、古生物等多方面的資料，從古生物化石、地層構造等方面找到了一些大西洋兩岸相同或吻合的證據。他發現非洲的古山脈與南美南部有著同類的化石，還發現有一種蝸牛僅生存於歐洲的西部和北美的東部。對此，魏格納做了一個簡單的比喻：這就好比一張被撕破的報紙，不僅能把它拼湊起來，而且拼湊後的印刷文字和行列也恰好吻合。

　　1912年，魏格納正式提出了「大陸漂移假設」，1915年，他的著作《大陸和海洋的起源》正式出版。然而在當時，他的假設被認為是荒謬不經的幻想。因為在這之前，人們一直認為七大洲、四大洋是固定不變的。

　　為了進一步尋找大陸漂移的證據，1930年4月，魏格納率領一支探險隊，迎著北極的暴風雪，第4次登上格陵蘭島進行考察，在零下65℃的酷寒下，大多數人失去了勇氣，只有他和另外兩個追隨者繼續前進，終於勝利地到達了中部的愛斯密特基地。11月1日，他在慶祝自己50歲的生日後冒險返回西海岸基地。在白茫茫的冰天雪地裡，他失去了蹤跡。直至第二年4月才發現他的屍體，他凍得像石頭一樣，已經與冰河渾然一體了。而他的大陸漂移學說，也被人們拋諸腦後。

　　1963年，身為驅逐艦艦長的美國地質學家赫斯收集了大量海洋地質資料後，發表了關於「海底擴張理論的報告」。這一報告被英國劍橋大學的瓦因和馬修斯從事的古地磁磁場研究所證實，同時也被當時世界各大洋深海鑽探計畫取得的大洋底岩芯樣品所證實。從此，魏格納的大陸漂移學說理論得以平反，重回人們的視線。

　　魏格納提出的大陸漂移假設認為，侏羅紀以前地球上只存在一個統一的大

陸，稱為泛大陸，也稱聯合古陸，環繞泛大陸的有一個統一的泛大洋。從侏羅紀開始，泛大陸分裂並相互漂移，逐漸到達目前的位置。

大陸漂移指的是大陸彼此間以及相對於大洋盆地間的大規模水準運動，這種思想萌發已久，但直到1912年，魏格納才根據地質、古生物和古氣候方面的證據，正式系統地提出來。

魏格納提出大陸漂移假設之初，並沒有得到科學家們的認可。但是，20世紀50年代中期，新出現的古地磁證據有力地支持了大陸漂移說。到了60年代，海底擴張說和板塊構造說相繼提出，許多地質學者開始接受大陸漂移思想。

大陸漂移假設的提出促進了地質科學的發展，否定了過去認為大陸形成於原地，從未移動過的虛假事實。另外，大陸漂移假設為海底擴張、板塊構造說的興起奠定了基礎，為人類全面正確地認識地球打開了一扇嶄新的通道。

魏格納（西元1880年～1930年），德國氣象學家、地球物理學家。用綜合的方法來論證大陸漂移，提出了大陸漂移學說，開創了地質學的新時代。

逆境中的微分不等式

微積分是研究函數的微分、積分以及有關概念和應用的數學分支。它建立在實數、函數和極限的基礎上，是微分學和積分學的總稱。

有位女數學家名叫愛米·諾德，她於1882年出生在猶太籍數學教授家庭，從小就喜歡數學。21歲時，她考進哥廷根大學，得到克萊因、希爾伯特、閔可夫斯基等數學家的教導，與數學結下了不解之緣，25歲便成為世界上屈指可數的女數學博士。

諾德發表了很多論文，在微分不等式、環和理想子群等的研究方面做出了傑出的貢獻，並留在哥廷根大學任教。以她的成就，絕對可以擔任教授，甚至與世界大數學家並肩齊驅。然而，當時婦女地位低下，她連講師都不夠格！她的遭遇引起很多數學家關注，大數學家希爾伯特更是出面支持她，聘任她為自己的「私人講師」，並透過這個管道讓她成為哥廷根大學的第一名女講師。隨著諾德的科研成果越來越顯著，希爾伯特又推薦她取得了「編外副教授」的資格。這是一個特殊的職稱，但是，諾德的實力明顯強於很多真正的教授。

諾德將精力集中在科研和教學上，終生未婚，她善於啟發學生思考，把他們看成自己的孩子，與學生交往密切，和藹可親，因此，人們親切地把她周圍的學生稱為「諾德的孩子們」。 就是這樣一位優秀的科學家，在1933年，又遭遇了人生的一大不幸。這年1月，希特勒一上台，就發佈第一號法令，把猶太人比做「惡魔」，叫囂著要粉碎「惡魔的權利」。

不久，他下令哥廷根大學辭退所有從事教育工作的純猶太血統的人。諾德自然在驅逐之列，她已經51歲了，被迫停止授課，就連微薄的薪金也被取消，

生活得不到保障。她只好離開哥廷根大學，去美國工作。在美國，諾德同樣從事大學教育，受到學生們的尊敬和愛戴，同樣有她的「孩子們」。一年後，美國設立了以諾德命名的博士後獎學金。然而，在美國工作不到兩年，諾德便死於外科手術，享年53歲。

諾德去世後，許多數學界人士表示了無限悲痛之情，愛因斯坦還在《紐約時報》發表悼文說：「根據現在的權威數學家們的判斷，諾德女士是自婦女受高等教育以來最重要的富於創造性數學天才。」從她以後，隨著女性解放運動的興起，女數學家也越來越多，受到的待遇也逐步提高。而諾德也以其出色的數學成就，被尊稱為「代數學之母」。

這則故事提到了數學領域的一個重要學科——微積分學。微積分學是微分學和積分學的總稱，主要包括極限理論、導數、微分等，積分學的主要內容包括定積分、不定積分等。

微積分學建立在實數、函數和極限的基礎上，它的基本方法就是研究函數，也就是從量的方面研究事物的運動變化，這種方法叫做數學分析。從廣義上說，數學分析包括微積分、函數論等許多分支學科，但是現在通常已習慣把數學分析和微積分等同起來，數學分析成了微積分的同義詞，一提到數學分析就知道是指微積分。在數學發展中，微積分學的地位十分重要，它是繼歐氏幾何後，全部數學中最大的一個創造。

斯蒂芬森（西元1789年～1848年），英國工程師，鐵路機車的發明家。1825年9月27日，由他設計的第一列機車運載了450名旅客，以每小時24公里的速度從達靈頓駛到斯托克時，鐵路運輸事業就從此誕生了。

無人能懂的化學平衡

根據吉布斯自由能判據，當 $\Delta rGm=0$ 時，反應達最大限度，處於平衡狀態。化學平衡的建立是以可逆反應為前提的。

吉布斯是美國化學家，他在熱力學領域做出了傑出貢獻，提出化學平衡理論，但在當時，他的成就並沒有引起人們注意，甚至連應得的酬勞都沒有，這究竟是怎麼回事呢？原來，雖然吉布斯好學不倦，知識淵博，著作頗豐，但他的理論文章十分難懂，而且他不善言談，這成為他不被人理解的重要原因。

1874年6月，吉布斯發表了他最著名的著作《以熱力學的原理決定化學平衡》，這是近代科學史上打破了物理與化學的學術藩籬、極其重要的一篇研究報告，當時竟然沒有人能看懂。難怪麥斯威爾死後，康乃狄克科學會曾說道：「全世界看得懂吉布斯報告的只有一人，他名叫麥斯威爾，而他走了。」直到1880年，才有一個荷蘭科學家回應他的研究。

不僅如此，他的學生也經常不明白他講述的內容。他的學生曾回憶他的講課說：「當吉布斯教授在黑板上寫第一道式子時，我們都懂；當他寫第二道式子時，有些人勉強可以跟上；當他寫下第三道式子時，幾乎全班都不懂他在說什麼了。」不過，這並不妨礙吉布斯成為一個好老師，他會為學生們組織「物理數學社」，為他們設計數學謎語，帶他們爬山，一邊爬山一邊討論問題。

就在吉布斯像獨行俠一樣艱難探索的時候，一位英國理論家讀到了他的論文，看出了其中的意義，並把他的文章介紹到了歐洲。這一下，吉布斯在歐洲大獲聲響，影響很大。有一次，一位女記者打算為他寫傳記，因此刻意去採訪他。當女記者讀了他寫的一段關於冰、液態水和水蒸汽相互平衡的論述時，不

禁感慨地寫道：「在這裡，吉布斯又一次只提出模糊的概念，而把本來可用以消除他與聽眾之間隔閡的步驟置之不理。理論家補充了他本人帶有結論性的看法，這必定比任何其他禮物更能打動吉布斯並使他感到高興的了。」理論家對他文章的解釋成為吉布斯與讀者溝通的橋樑，這也許是科學界的特殊案例吧！

正因為如此，吉布斯在耶魯大學工作的前10年裡，竟然沒有得到任何薪俸。1920年，吉布斯首次被提名進入紐約大學的美國名人館，可是，當時的100張選票中他只得了9票！這一切都是因為他那無緒晦澀的寫作。

對於這一切，吉布斯沒有介意過，他說：「怎麼衡量一個傑出的科學家呢？不在他所發表的篇數、頁數，更不在他的著作所佔圖書館架上的空間，而在於他對人類思考的影響力。因此科學家的真正成就不在科學上，而在歷史上。」化學平衡狀態是指在一定條件下的可逆反應，正反應和逆反應的速率相等，反應混合物中各組分的濃度保持不變的狀態。可逆反應指的是在同一條件下既能正向進行又能逆向進行的化學反應。

一般來說，反應開始時，反應物濃度較大，產物濃度較小，這時正反應速率大於逆反應速率。隨著反應的進行，反應物濃度不斷減小，產物濃度不斷增大，正反應速率逐漸減小，逆反應速率反而增大。漸漸地，正、逆反應的速率會達到一個相等的時刻，此時，反應系統中各物質的濃度不再發生變化，就達到了平衡狀態。

德謨克利特（約西元前460～西元前370年），古希臘哲學家，原子唯物論的創立者之一。他認為，萬物的本原是原子和虛空。原子是不可再分的物質微粒，虛空是原子運動的場所。

第四章

尖端學科

人工智慧之父

人工智慧就是研究、開發用於模擬、延伸和擴展人的智慧的理論、方法、技術及應用系統的一門新的技術科學。

1912年6月23日，一個叫圖靈的小男孩出生於英國倫敦。有一個獲得了劍橋大學數學榮譽學位的祖父的他，很小的時候就展現出非凡的才華。8歲那年，他就開始嘗試寫作一部科學著作——《關於一種顯微鏡》，在這本書的開頭和結尾，他都用了同一句話「首先你必須知道光是直的」。儘管在這部作品中他犯了很多拼寫上的錯誤，但他天才的能力已經漸漸地展現出來了。

和很多天才一樣，圖靈也有著許多的怪僻。他不喜歡玩足球，而只願意在場邊計算球飛出去的角度。他對花粉過敏，所以在每天騎自行車上班的路上他乾脆戴上防毒面具。他的自行車經常掉鍊子，可是他不願意去車行修理，而是算出掉鍊子的固定圈數，在鍊條滑下之前就停車。他各種奇怪的行為成為劍橋大學裡最獨特的風景，卻也成為天才的最好註解。

1936年，圖靈向倫敦權威的數學雜誌投了一篇論文，題為《論數字計算在決斷難題中的應用》。在這篇開創性的論文中，圖靈給「可計算性」下了一個嚴格的數學定義，並提出了著名的「圖靈機」的設想。這是一種運算能力極強的電腦裝置，用來計算所有能想像得到的可計算函數。這一設想後來被稱為「闡明現代電腦原理的開山之作」，奠定了整個現代電腦

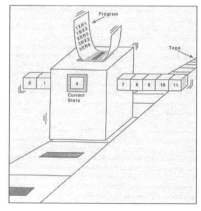

的理論基礎。

二戰爆發後，圖靈被派往佈雷契萊莊園工作，這裡是英國的情報破譯基地，有1萬多名志願者在這裡工作，破譯德國的軍事情報。當時，德國有一個名為「Enigma」（謎）的通信密碼機，可以用26個字母替代8萬億個謎文字母，破譯人員都束手無策。後來，他們獲得了一部真正的「Enigma」，圖靈很快地憑藉它設計出了一種破譯機，至此，被破譯的德國情報一件件落入英國手中，德國飛機一一被擊落。

戰爭結束後，圖靈開始轉入電腦的研究。1950年10月，在曼徹斯特大學任教的圖靈，發表了《機器能思考嗎？》一文，第一次提出了「機器思維」的概念，以及「圖靈測試」，即一個人在不接觸對方的情況下，透過一種特殊的方式，和對方進行一系列的問答，如果在相當長時間內，他無法根據這些問題判斷對方是人還是電腦，那麼，就可以認為這個計算機具有和人相當的智力，即這台電腦是能思維的。他的這一想法，不僅是電腦史上的劃時代之作，也為他贏得了「人工智慧之父」的稱號。

1952年初，一個經常出入他家的男性伴侶阿諾德・默里，帶人偷竊了他家。圖靈自然而然地報了警，然而隨之而來的，便是他和這個男友的關係被揭開了。圖靈坦率地承認自己同性戀的身分，可是在當時的英國，同性戀是一種為人所不齒的刑事罪。法庭給了他兩個選擇，坐牢，或是接受有條件的緩刑。

為了繼續自己的科學研究，圖靈選擇了後者。因此，這偉大的科學家，這不世出的天才，竟然要在家裡接受長期的雌激素注射，來治療所謂的「性慾倒錯」。長期的雌激素注射讓他的乳房像女人一樣發育起來，英國政府又解除了他密碼事務顧問的職務。打擊接踵而至，圖靈的身體越來越差，脾氣也開始變得

暴躁，他原本輝煌的生命忽然變得灰暗、消沉。

1954年6月8日，圖靈被發現靜靜地死在他的床上，他的身邊是一個咬了一口的蘋果——塗有氰化鉀的蘋果。據說，那個世界上最著名的被咬了一口的蘋果商標，正是為了紀念這位偉大的人工智慧領域的先驅。

人工智慧是電腦科學的一個分支，它是研究、開發用於模擬、延伸和擴展人的智慧的理論、方法、技術及應用系統的一門新的技術科學。它企圖瞭解智慧的實質，並生產出一種新的能以人類智慧相似的方式做出反應的智慧型機器。

簡單地說，人工智慧研究的一個主要目標是使機器能夠勝任一些通常需要人類智慧才能完成的複雜工作。該領域的研究包括機器人、語言識別、圖像識別、自然語言處理和專家系統等。隨著時代的進步和科技的發展，人工智慧所跨越的範圍越來越廣泛，涉及了資訊理論、控制論、自動化、仿生學、生物學、心理學、數理邏輯、語言學、醫學和哲學等多門學科。

圖靈（西元1912年～1954年），英國數學家、邏輯學家，他被視為人工智慧之父。電腦邏輯的奠基人，提出著名的「圖靈測試」。

「鱷魚」導師
引領的原子能科學

鈾核裂變以後產生碎片，但所有的碎片品質加起來少於裂變以前的鈾核，少掉的品質就轉變成為原子能。在核反應過程中，原子核結構發生變化釋放出的能量，又稱核能。

歐尼斯特・拉瑟福是英國物理學家。1871年8月30日出生於紐西蘭，因研究放射性物質及對原子科學的貢獻，獲得1908年諾貝爾化學獎。

拉瑟福家境貧寒，依靠個人刻苦努力贏得了獎學金才得以完成學業。艱苦的求學經歷培養了拉瑟福堅忍不拔的毅力，這影響了他以後的人生和事業。在探索原子的試驗中，他付出很多心血，幾經失敗毫不退縮。他頑強的精神感染了同事和學生們，為此，大夥給他取了個外號——鱷魚。在英國，鱷魚象徵著勇往直前、不怕困難的精神。

對於這個外號，拉瑟福十分欣然地表示認可。當他經過一系列的實驗，證明了鈾、釷或鐳原子可以分裂時，他自豪地說：「原子永恆不變的學說在1902年遭到了毀滅性的打擊。」在他獲得諾貝爾獎時，他的學生就把一個鱷魚徽章裝飾在他的實驗室門口，向他表示祝賀。當拉瑟福領完獎回到實驗室，看到鱷魚徽章時，先是一愣，繼而高興地說：「謝謝你們如此誇獎我。」說完，他就走進實驗室與同事們一起工作，繼續各種試驗。

由於在原子能方面的傑出貢獻，拉瑟福被稱作「原子能之父」。他不僅個人取得了成功，還培養了很多科學家。在他的助手和學生中，先後榮獲諾貝爾獎

的竟多達12人。1921年，拉瑟福的助手索迪獲得諾貝爾化學獎；1922年，拉瑟福的學生阿斯頓獲得諾貝爾化學獎；1922年，拉瑟福的學生波爾獲得諾貝爾物理獎；1927年，拉瑟福的助手威爾遜獲得諾貝爾物理獎；1935年，拉瑟福的學生查德威克獲得諾貝爾物理獎；1948年，拉瑟福的助手布萊克特獲得諾貝爾物理獎；1951年，拉瑟福的學生科克拉夫特和瓦耳頓，共同獲得諾貝爾物理獎；1978年，拉瑟福的學生卡皮茨獲得諾貝爾物理獎。有人曾經驚嘆地說，如果世界上設立培養人才的諾貝爾獎的話，那麼拉瑟福是第一號候選人！

其中，1922年度諾貝爾物理學獎的得主波爾更是與他有著非比尋常的關係，他曾深情地稱拉瑟福是「我的第二個父親」。在拉瑟福影響和指導下，波爾創立了量子力學，引發了20世紀物理學的一場革命。他們兩人之間發生了很多感人的故事。

有一天深夜，拉瑟福因思考原子能不能分裂的問題，睡不著覺，便出來走走。這時，他看到實驗室居然亮著燈，就推門走進去，看見波爾在那裡，便問道：「這麼晚了，你還在做什麼？」波爾回答說：「我在做試驗。」波爾滿心以為老師肯定會誇獎自己用功，哪會想到當拉瑟福得知他從早到晚都在工作時，很不滿意地反問：「那你什麼時間思考問題呢？」

波爾聽罷，深受啟發，從此，他改變了工作方式，思考問題的時間大大增加。這促進了他認識問題和解決問題的能力，為他日後對原子的研究打下基礎。

幾千年來，人們一直認為原子是構成物質的最小粒子，是不可分割的。在希臘文中，原子正是「不可分」的意思。近代物理學的發展以及原子物理學的建立，都是在此基礎上的。

然而，到了20世紀初，這個傳統觀念被推翻了。拉瑟福的研究證實，原子是可以分裂的。從此以後，原子物理學揭開了神秘的面紗。科學家們紛紛投入研究原子內部神秘世界的工作中，他們發現原子核分裂能夠產生巨大能量，這就是原子能，也叫核能。原子能的研究促進了一門新興學科的誕生——原子能學。

20世紀30年代，科學家發現鈾核裂變以後產生碎片，但所有的碎片品質加起來少於裂變以前的鈾核，那麼，少掉的品質到哪裡去了？他們認為少掉的品質轉變成了一種能量。為此，他們還提出一個假設：用中子轟擊鈾原子核，一個入射中子能使一個鈾核分裂成兩塊具有中等品質數的碎片，同時釋放大量能量和兩三個中子。

原子核可以發生兩種變化反應產生能量，一是裂變，一是聚變。一般所說的核裂變，主要指鈾235核分裂。一個鈾235核分裂釋放的核裂變能為2億電子伏特。這是原子核結構發生變化的一種方式，叫裂變反應。另外一種方式叫聚變反應。如一個氘核和一個氚核聚合成一個氦核釋放出的核聚變能為1760萬電子伏特。

原子能自從發現以來，得到了廣泛的應用。人們用它來進行原子能發電，製造原子動力軍艦、商船、原子能動力飛機。還可以生產工、農、醫和國防上所需要的各種放射性同位素，也可以用它來進行各種科學研究。

拉瑟福（西元1871年～1937年），英國物理學家。提出放射性衰變理論，對放射性衰變系的建立發揮主要作用。研究元素衰變和放射化學方面的重要貢獻，獲得了1908年諾貝爾化學獎。

竺可楨管天的氣象學

氣象學是研究大氣中物理現象和物理過程及其變化規律的科學。

竺可楨是中國著名的科學家，他幾經奮鬥和努力，創建和發展了中國的氣象事業，帶動了氣象學的進步。

1917年，竺可楨到哈佛大學讀書，從此，他開始寫日記，記錄氣象研究的各種資料。學成回國後，他看到中國沒有自己的氣象站，氣象預報和資料竟由各列強控制，便著文疾呼：「夫製氣象圖，乃一國政府之事，而勞外國教會之代謀亦大可恥也。」

在他的呼籲下，國民政府開始委派他建立氣象站，發展氣象學。經過不懈努力，在抗戰爆發前的十餘年間，竺可楨在全國各地建立了40多個氣象站和100多個雨量觀測站，初步奠定了中國自己的氣象觀測網。

1937年，竺可楨代表中國去香港出席遠東氣象會議。會議上，他發表演說，陳述中國氣象現況，引起各國同仁關注。會議快要結束時，港督設晚宴邀請各國代表。就在這次宴會上，發生了一次意外事件。

原來，竺可楨回國前，中國氣象依賴英國人，他回來後，逐漸改變了英國人壟斷中國氣象的現狀，又替換了過去的英制記錄標準，導致英國人的不滿。現在，身為英國政府派遣駐香港的最高長官，港督自然對竺可楨充滿了不滿的情緒。

所以，安排晚宴時，他竟然故意把中國代表排在末尾，大有侮辱之意。竺

可楨見此情景，一怒之下，帶著另外兩名中國代表憤然離席，以示抗議。

這件事過後，竺可楨更加體會到發展自己國家氣象的重要性。時值抗戰期間，生活極其艱苦，竺可楨所在浙大幾次搬遷。可是不管到哪裡，竺可楨隨身總帶著四件寶：照相機、高度表、氣溫表和羅盤，不忘收集資料，展開科研。

後來，他開始投入很大精力關注中國的農業生產，千方百計利用氣象學知識增加糧食產量。1964年，竺可楨寫了一篇重要論文《論中國氣候的特點及其與糧食生產的關係》，分析了光、溫度、降雨對糧食的影響，提出了發展農業生產的許多設想。當時，大陸農業生產氛圍濃厚，毛澤東十分看重這篇文章，還專門請竺可楨到中南海，進行了一番長談。

毛澤東對竺可楨說：「你的文章寫得真好啊！我們有個農業八字憲法（土、肥、水、種、密、保、工、管），可是只能管地。你的文章介紹了氣象方面的知識，這是管天，彌補了八字憲法的不足啊！」

竺可楨以極其認真的口吻回答：「天有不測風雲，不大好管哪！」

毛澤東聽了，幽默地說：「你我二人分工合作，你管天，我管地，就把天地都管起來了！」

竺可楨微微一笑，他清楚，科研工作不比當官管事，既需要努力奮鬥，更注重勤勤懇懇做事，絲毫馬虎不得。他在71歲高齡時，還參加了南水北調考察隊，登上海拔4000多米的阿壩高原，下到險峻的雅礱江峽谷親身調查。

他嚴謹的學風，深受廣大學者推崇。

幾千年前，人們就已經開始記載大氣現象。隨著科學技術的發展，人類發明了各種氣象觀測儀器，逐步完善了各種探測方法，並且運用各種高新科技，比如通信裝備和計算工具等來擴大、加深對大氣現象的探索，於是，氣象學的發展日臻完善。

氣象學是一門和人類的生產、生活密切相關的科學，意義重大。其研究領域廣，研究方法的差異也很大。氣象學分成許多分支學科：大氣物理學、天氣學、動力氣象學、氣候學等，隨著社會的發展，又出現了出現海洋氣象學、航空氣象學，農業氣象學、森林氣象學、污染氣象學等應用學科。

進入20世紀以來，現代科學技術新成果在氣象科學領域廣泛應用，使氣象科學進入了嶄新時期。

歐幾里德（西元前330年～西元前260年），希臘數學家。古代希臘最負盛名、最有影響的數學家之一，他是亞歷山大里亞學派的成員。著有《幾何原本》。

卡門的航空航太學

航空指飛行器在地球大氣層內的航行活動，航太指飛行器在大氣層外宇宙空間的航行活動。

1926年的一個深夜，馮·卡門和他的學生弗蘭克正在緊張地運算著從曲線推導出數學方程式。忽然，他們想起他們必須趕到亞琛，而這個時候，他們必須趕緊去車站，才能趕上最後一班車，於是兩人匆匆朝伐爾斯車站趕去。

到了車站，弗蘭克忙著跑前跑後，買票、候車，只有馮·卡門還沉浸在他自己的世界裡，思索著他那組迷人的數學方程式。忽然間，他從夢幻中醒來，一種所謂紊流結構數學公式在他腦海中奇蹟般出現。他大喜過望，再也無法抑制住自己激動的情緒，掏出一支筆便在身邊的電車車廂上寫了起來。售票員起初還等著他們，可是馮·卡門的公式越寫越長，似乎沒個盡頭，她終於受不了了，催促著兩人趕快上車。沉醉在快速演算中的馮·卡門哪裡肯停下來，他一邊發瘋似地繼續推導方程式，一面大聲喊著：「請再等一會兒！」

可是，售票員實在等不及了，她將他們推上車，司機迅速發動了電車。這下可苦了弗蘭克了，每到一站，他便迅速地跳下車，將老師寫在車廂上的公式抄下來。這樣慢慢地抄，一直到了亞琛，整個的公式才算抄完。

這個公式，後來成為馮·卡門題為「紊流的力學相似原理」的論文。他當年發現的這一紊流對數定律，已經成為各種飛行器阻力的計算工具，在噴氣式飛機、火箭設計上得到了應用。

1963年，有鑑於馮·卡門在航空學上的偉大成就，美國白宮決定授予馮·

卡門國家科學獎章。

2月的一天，盛大的授獎儀式在白宮舉行。

這天，82歲高齡的卡門身穿西裝，在家人陪同下趕往白宮，接受頒獎。一路上，他回顧自己的科學歷程，不住地說：「時間太短暫了，我還沒有做出什麼，就著老得不能工作了。要是我今年28歲，那該多好，我會為航空事業再努力幾十年。」

聽他這麼說，隨行的一位親戚佩服地說：「您就要去接受國家獎章了，怎麼能說沒做什麼呢？您已經為航空事業奮鬥一生，值得了。」

卡門罹患嚴重的關節炎，當他來到白宮門外時，不得不在他人的攙扶下走進去。他執意挑選了一個不起眼的位置坐下，這時，許多記者來到現場，他們環顧會場，尋找卡門的身影，卻沒有發現他。偏巧，一個記者坐在卡門身邊，他不認識他就是卡門，看他年紀大了，身體虛弱，還來參加頒獎儀式，以為他是卡門的崇拜者，就採訪他說：「你覺得卡門應該受到這麼隆重的獎勵嗎？」

「不應該，」卡門乾脆地回答，「他應該坐在實驗室做實驗。」記者大吃一驚，連忙停止了採訪。

不一會兒，頒獎儀式開始了，總統甘迺迪來到現場，準備親自頒發證書。當宣佈讓卡門上台領獎時，他氣喘吁吁登上領獎台，剛剛採訪他的記者頓時嚇呆了：他沒有想到，那個不起眼的老先生就是卡門。

再看卡門，走到領獎台最後一級台階時，跟蹌了一下，差點摔倒在地。甘迺迪總統急忙跑過去扶住了他。卡門站直身體，看著甘迺迪總統的眼睛說：「謝謝總統先生，物體下跌時並不需要助推力，只有上升時才需要……」

　　卡門為之奮鬥一生的航空學是進入20世紀以來，人類認識和改造自然進程中最活躍、最有影響的科學技術領域，也是人類文明高度發展的重要標誌。

　　人類在征服大自然的漫長歲月中，早就產生了翱翔天空、遨遊宇宙的願望。在許多神話和傳說中有人獲得了飛行的本領，他們模仿鳥的飛行，實現了飛翔的夢想。古往今來，許多人都做過模仿鳥類的飛行實驗，但無一不以失敗告終。1783年，蒙特哥菲爾兄弟發明了熱氣球，人類才真正開始接觸藍天。1852年，人們試驗了第一架滑翔機。這是人類步入重於空氣飛行的第一步。1890年，飛機出現了，到了1908年，飛機已經可以在空中停留近三個小時。至此，人類在大氣層中飛行的古老夢想終於真正成為事實。隨後，經過許多傑出人物的艱苦努力，航空科學技術得以迅速發展，飛機性能不斷提高。

　　到了20世紀50年代中期，第一顆人造地球衛星發射成功，開創了人類航太的新紀元。至此，航空學的範圍不再侷限於大氣層內，而是擴展到整個宇宙。其中，在大氣層內的飛行活動叫做航空，而在大氣層外宇宙空間的飛行活動就叫航太。

庫爾特‧維特里希（西元1938年出生），瑞士科學家。因「發明了利用核磁共振技術測定溶液中生物大分子三維結構的方法」和美國科學家約翰‧芬恩、日本科學家田中耕一共同獲得2002年諾貝爾化學獎。

雜交水稻之父的農業科學情結

農業科學是研究農業發展的自然規律和經濟規律的科學。

在中國，大多數人都認為，袁隆平應該是諾貝爾和平獎當之無愧的得主。說句公允的話，他的成就，確確實實為世界和平帶來了極大的貢獻。

提起袁隆平，人們立刻把他與雜交水稻聯想在一起，確實，這位中國的「雜交水稻之父」創造了水稻史上的奇蹟。當全世界都在驚呼，中國將成為世界的蝗蟲的時候，正是他的研究，真正地擊敗了飢餓的威脅。目前，中國一半的稻田裡播種著他培育的雜交水稻，每年收穫的稻穀60％源自他培育的雜交水稻種子。而世界上也有20多個國家研究或引進了雜交水稻。

每當人們問起袁隆平成功的秘訣時，他的回答總是幾個字：「知識＋汗水＋靈感＋機遇。」

1953年，袁隆平是一所農校的教師，在教學的過程中，他熱衷於育種研究，因此每年都到農田去選擇良種。他非常用心地選擇種子，經常到野外田裡精心觀察，挑選優異的品種，然後帶回種子播種，第二年，觀察這些種子的發育生長情況，從中挑選具有穩定遺傳優異性狀的品種。這是科學家常用的一種方法，叫做系統選育法。

這樣不斷地培育良種，轉眼間9年過去了。1962年秋天，袁隆平像往年一樣，又到田裡去挑選種子。當他來到田裡時，一顆鶴立雞群的稻穀吸引了他。這顆稻穀個頭大，稻穗飽滿結實，整齊一致，正是袁隆平想要的良種。因此，他毫不猶豫地採回了這顆稻穀，把它帶回去，第二年，開始了辛苦的播種培

育,滿心希望它能結出更優異的種子來。

　　然而,事與願違,這顆稻穀的種子發芽長大後,高的高,矮的矮,稻穗大小不一,根本不是良種的樣子。袁隆平看著失敗的成果,雖然非常失望,但卻沒有從此放棄,而是陷入深深地思索中。他一個人來到田邊,坐在田埂上苦思冥想,尋找失敗的原因。

　　多少天以後,袁隆平在田埂上想到了問題的癥結所在:第一年選擇的稻穀是一顆天然雜交種,不是純種,所以第二年長出來的稻穀在遺傳形狀上發生了分離,品質大不相同。想到這裡,他突然又想到問題的另一面:既然去年那顆雜交水稻長得那麼好,說明水稻有雜交的優勢,為什麼不能進行人工雜交,培育出優良的品種?這樣的話,按照去年水稻的生長情況,水稻產量會大大提高。

　　這個想法讓袁隆平十分激動,他立即投入雜交水稻的試驗中。經過不懈努力,他的試驗成功了,他培育出的稻穀種子大大提高了水稻的產量。經過推廣,雜交水稻開始全面在各地播種,收穫非常驚人。

　　面對成功,袁隆平非常謙虛,他還是不停地穿梭在農田之間,深入第一線去觀察稻穀的生長情況,繼續努力改善品種、提高產量。為了能夠即時瞭解水稻的生長狀況,他學會了騎摩托車,過馬路、躥小徑、溜田埂,快捷迅速地在田地隴畝間奔忙。二十幾年來,他竟然騎壞了8、9輛摩托車,可見他走過了多少道路,付出了多大心血。如今,70多歲高齡的袁隆平依然經常騎著摩托車,

往返在田埂之間觀察水稻。

　　袁隆平從事的是作物育種學和栽培學。作物育種學和作物栽培學的作用在於提高作物的產量、品質和抗逆能力，甚至改變植株和植物器官的構型，使之適應栽培、包裝和貯運等措施的需要。作物育種學和栽培學屬於農業學的範疇。農業的歷史源遠流長，與人類的關係最為密切，農業學的形成和發展也比較早。但是經過多年發展和變化，做為一門現代科學，農業學又具有明顯的現代化特徵。

　　農業學是研究農業發展的自然規律和經濟規律的科學，它研究範圍很廣，門類繁多，涉及農業環境、作物和畜牧生產、農業工程和農業經濟等多種科學，具有綜合性特色。當前，不論在微觀或宏觀領域裡，農業科學都在繼續向前發展，同時在不斷細分的基礎上，呈現走向綜合的趨勢。

　　總之，農業學做為一門古老的學科，在現代科技和生活的影響下，正在展現全新的活力和風貌，以滿足人們生活和生產的各種需求。

克萊姆（西元1704年～1752年），瑞士數學家。首先定義了正則、非正則、超越曲線和無理曲線等概念，第一次正式引入座標系的縱軸（Y軸），依據曲線公式的階數將曲線進行分類。

愛迪生孵小雞的仿生學

仿生學是指模仿生物建造技術裝置的科學，它研究生物體的結構、功能和工作原理，並將這些原理移植到工程技術之中。

愛迪生是發明大王，一生發明無數，創造了人類發明史上的奇蹟。關於他小時候的故事，有一則曾經廣為流傳。

愛迪生小時候，特別愛問為什麼，不管見到什麼，都會問「這是什麼呀？」、「那是為什麼呀？」、「為什麼會這樣呀？」、「為什麼會那樣呀？」追問個不停。

5歲那年，愛迪生發現家裡的母雞老待在窩裡不出來，他覺得奇怪，就揮著小手去驅趕牠。可是母雞歪著腦袋，眨了眨眼睛，一動也不動。

這件事讓愛迪生深感好奇，他想：這是怎麼回事呀？牠為什麼不動呢？牠在做什麼？喜歡探究的愛迪生伸手把母雞抱起來，他一看，窩裡有十幾個雞蛋。愛迪生吃驚地瞪大了眼睛，他連蹦帶跳地跑去喊媽媽：「媽媽，母雞今天下了十幾個蛋，這是怎麼回事？」

媽媽一聽，噗哧笑出聲來，她拉著愛迪生回到雞窩前，告訴他說：「母雞不是下蛋，牠在孵小雞呢！」

「孵小雞？」愛迪生眨眨大眼睛，望著媽媽的臉問：「小雞是怎麼孵出來的？」

媽媽想了想，耐心地對愛迪生說：「母雞用身體的溫度暖熱雞蛋，就像人

蓋著被子一樣。蛋暖和了，裡面的小雞就會慢慢長大，長出嘴巴、腳丫、羽毛，等牠們長大了，就用尖尖的嘴巴啄破蛋殼，歡愉地叫著從蛋殼裡鑽出來。」

聽著媽媽的講述，愛迪生覺得太神奇了。他一轉身，跑走不見了。媽媽以為他出去玩了，也就忙著做自己的事，不去管他。可是，一個上午過去了，媽媽始終不見愛迪生的影子，午餐時間到了，愛迪生還不回家。

他到底做什麼去了？

媽媽不放心，出去尋找愛迪生。找來找去，竟然在鄰居家的柴草堆裡找到了他。他正學著母雞的樣子，蹲在一堆雞蛋上孵小雞呢！

媽媽見此，只覺得好笑，拉著愛迪生的手說：「傻孩子，你是孵不出小雞來的，快回家吃飯吧！」

愛迪生不服氣，蹲在那裡說：「母雞蹲在雞蛋上面會孵出小雞來，我蹲在雞蛋上面，也一定能孵出小雞來。」

媽媽耐心地說：「還是先回去吃飯吧！」

愛迪生也餓了，只好站起來跟隨媽媽回家。一路上，他不停地問：「媽媽，母雞能孵出小雞來，我為什麼孵不出來呢？」

愛迪生對母雞孵蛋的探索其實只是人類探究大自然的一個場景，從遠古以來，人們就從未停止過對大自然中種種現象的模仿。到了20世紀，人類更是把它發展成一門新的學科，這就是仿生學。

仿生學是指模仿生物建造技術裝置的科學，它是在20世紀中期才出現的一

門新的邊緣科學。 這門新學科的任務就是要研究生物系統的優異能力及產生的原理，並把它模式化，然後應用這些原理去設計和製造新的技術設備。

它的主要研究方法是提出模型，進行類比。首先對生物原型進行研究，根據生產實際提出的具體要求，得到一個生物模型；然後對之進行數學分析，把生物模型「翻譯」成具有一定意義的數學模型；最後，根據數學模型製造出實物模型，並進行試驗，以備生產需要。

從誕生、發展，到現在短短幾十年的時間內，仿生學的研究成果已經非常可觀。它的問世開闢了獨特的技術發展道路，也就是向生物界索取藍圖的道路，它大大開闊了人們的視野，顯示了極強的生命力。

韋達（西元1540年～1603年），法國16世紀最有影響的數學家之一。第一個引進系統的代數符號，發現了方程根與係數之間的關係（韋達定理）。被尊稱為「代數學之父」。

記不住生日記住了拓撲學

拓撲學的原文是Topology，直譯是地質學，也就是和研究地形、地貌類似的有關學科。

吳文俊是中國當代著名的數學家，他的科學貢獻主要有兩個：一個是拓撲學方面的奠基性工作，另一個是幾何定理的機器證明。

1984年，「全美定理機器學術會議」在丹佛近郊的格里美大學城召開，與會者幾乎全是國際數學自動推理領域的精英。會議上，一個叫周咸青的東方年輕人，提交了一篇「用吳方法證明幾何定理」的論文，同時在現場用電腦示範，短短的十幾分鐘證明了幾百條幾何定理，整個會場為之譁然。

在很多人對所謂的「吳方法」摸不著頭緒的時候，卻有些老科學家想起來了。三、四十年前，在巴黎有個叫吳文俊的中國人，對示性類平方運算及其流形提出了明確的運算式，這個運算式在國際上就稱為「吳公式」。學術會後，吳文俊的奠基之作《幾何定理機器證明的基本原理》又重新回到了人們的視野，享譽世界。

「創新就是FOLLOW ME（跟我學），而不是跟在別人後面。」這是吳文俊常掛在嘴邊的一句話。他個人正是在不斷創新之中，取得了了不起的成就。關於吳文俊，還有一段有趣的故事。

有一次，有位客人前去拜訪吳文俊，見面就說明來意：「聽您夫人說，今天是您的60大壽，特來祝賀！」吳文俊聽了，並不當一回事，淡淡地說了句「是嗎？」然後埋頭整理自己的資料。

客人見狀，心生疑惑，認為吳文俊年紀大了，也許記憶力衰退，忘記自己的生日了。於是，他不再提生日的事，而是與吳文俊談論其他事情。

當時，吳文俊正在研究機器證明幾何定理的問題。

他們討論到這個問題時，客人指著不遠處的一台機器問道：「這台機器就是您設計出來證明幾何定理的嗎？」

吳文俊回答說：「是。」

接著客人又問：「什時候安裝好的？」

吳文俊不假思索地說：「去年12月6日。」

客人略微一驚，他覺得吳文俊反應靈敏，日期記得很牢，不像是記憶力衰退的樣子。他想了想繼續問道：「您在研究用機器證明幾何問題方面有哪些進展？」

「大的進展談不上。今年1月11日以前，我為電腦編了三百多道『命令』的程式，完成了第一步準備工作。」教授繼續清晰地回答。

這下子，客人不由得十分吃驚，他脫口而出：「您自己的生日都記不住，為什麼這幾個日子卻記得這麼清楚？」

吳文俊聽後，才明白客人追問的原因，爽朗地笑著說：「別看我研究數學，可是我從來不記那些無意義的數字。生日，早一天，晚一天，有什麼關係呢？我們家所有人的生日我都不記得。但是，有些數字意義重大，需要牢牢記住，而且也很容易記住。好比說12月6日，就很好記。12月正好是年底，而6正

好是12的一半。1月11日呢，也不難記，1月自然是年初，而1月11日，排成阿拉伯數字是111，三個1連排一起，多麼好記。」

聽他如此豁達地說笑，客人由衷地感佩道：「您不記得自己的生日，卻如此熱衷數學研究，了不起啊！」

拓撲學和一般的平面幾何或立體幾何不同。後者研究的對象是點、線、面之間的位置關係以及它們的度量性質。而前者對於研究對象的長短、大小、面積、體積等度量性質和數量關係無關，它重點討論的是拓撲等值的概念。

拓撲學在數學領域廣為應用，發展很快。特別是黎曼創立黎曼幾何以後，他把拓撲學概念做為分析函數論的基礎，更加促進了拓撲學的進展。20世紀以來，集合論被引進了拓撲學，為拓撲學開拓了新的面貌。拓撲學的研究就變成了關於任意點集的對應的概念。

拓撲學中一些需要精確化描述的問題都可以應用集合來論述。

韋伊（西元1906年出生），法國數學家。主要貢獻在連續群和抽象代數幾何學方面。1940年完成了專著《拓撲群上的積分及其應用》，開闢了群上調和分析的新領域。

笨人創造的數學奇蹟

數學是一門研究空間形式和數量關係的科學，是一門有著廣泛應用的基礎科學。它是各門科學，尤其是自然科學發展和進步的有力工具。

彭加勒是法國人，1854年出生。他幼年時罹患過運動神經系統的毛病，視力以及書寫能力都受到很大影響，所以，他上學後，無法看清黑板上的字，也無法跟上老師的速度記筆記。這對於一個學生來說，無疑是最大的學習障礙。然而，這些難題沒有嚇倒彭加勒，反而激起他刻苦求學的勇氣，並最終帶領他闖進了數學的世界。

彭加勒天生具有過目不忘的「照相機式」的記憶力，他對事物記憶迅速、持久、準確。這一點彌補了他學業上的諸多不便，由於無法記筆記，他索性不記筆記，而是上課時集中注意力全神貫注地聽講、記憶、思考。因為長期採取這種方式學習，彭加勒養成了在腦中完成複雜計算的能力，甚至連他的許多論文也是採用這種方式構思的。這種獨特的學習方法，使得他在數學領域嶄露頭角。19歲時，他的數學才能已經遠近馳名。

不久，彭加勒參加大學入學考試，主考老師聽說了他的數學才能後，刻意給他出了兩道難題。這些題目自然難不倒彭加勒，他不費吹灰之力就解決了。主考老師大吃一驚，對他刮目相看。

然而，在接下來的幾何考試中，彭加勒卻因為作圖能力太差，沒有通過考試。是不是這位數學天才從此就要與大學無緣了呢？主考老師經過慎重考慮，認為彭加勒是難得一見的數學奇才，因此竭力推薦他。校方得知彭加勒的情況後，破例錄取了他。

後來，彭加勒又升入高一級的礦業學院，準備做一名工程師。可是數學的魅力深深吸引著他，使他日以繼夜地將精力投入研究各式各樣的數學問題中。24歲時，他完成了自己的第一篇關於微分方程式的論文，並遞交給法蘭西科學院，這篇論文經專家評定為優秀論文。第二年，法蘭西科學院授予了他數學博士學位。

幾年後，彭加勒當選為科學院院士，不斷地發表論文、著作，成就卓著。他的一生中，發表論文500篇，著作30多部，獲得過法國、英國、俄國、瑞典、匈牙利等國家的獎賞。被聘為30多個國家的科學院院士。一位數學史權威評價彭加勒時曾說，他是「對於數學和它的應用具有全面知識的最後一個人」。

數學是研究空間形式和數量關係的科學，最初的數學概念就是「形」和「數」的概念。在人類早期，為了計數，不僅要有計數的物件，還要有一種獨特的能力，要求在觀察物件時能夠撇開物件的其他特徵，僅僅顧及到它的數目，這種能力，就是人類抽象思維的能力。

數學是一門有著廣泛應用的基礎科學。它是各門科學，尤其是自然科學發展和進步的有力工具。數學與其他自然科學不同的地方就在於數學概念的抽象深度和廣度要高於其他科學。今天，對數學的研究十分深入，涉及廣泛，其中比較重要的就是數學的工具性以及數學做為思想體系的特徵。

亞歷山大・格拉漢姆・貝爾（西元1847年～1942年），英國發明家、企業家。他發明了世界上第一台可用的電話機，創建了貝爾電話公司。被譽為「電話之父」。

童魚揭示的細胞遺傳學

細胞遺傳學是遺傳學與細胞學結合的一門遺傳學分支學科。研究對象主要是真核生物，特別是包括人類在內的高等動植物。

1973年，70高齡的童第周已經是中國國內外著名的科學家，他在生物學領域取得了很大成就。然而，他沒有停下奮鬥的步伐，而是繼續鑽研細胞遺傳學問題，並提出了一系列假設。為了能夠成功地驗證自己的理論，他打算進行一場艱難的試驗。

童第周選擇了春天進行試驗，因為此時是金魚和鯽魚繁殖的季節。他在實驗室裡培育了很多金魚和鯽魚，時刻觀察牠們排卵的情況。這天，金魚排卵了，童第周立即帶領同事投入緊張的試驗中。從早上6點開始，童第周就坐在顯微鏡前，用比繡花針還細的玻璃注射針，把從鯽魚的卵細胞中取出來的核酸，注射到金魚的受精卵中。金魚的卵還沒有小米粒大，做這樣的實驗有多難啊！但是童第周一絲不苟地做著這一切，從早晨一直工作到下午2點，為多個金魚卵注射了鯽魚的核酸。

8個小時沒有休息，童第周已經腰酸背痛、飢腸轆轆了，但他仍然堅持實驗，一批又一批地為金魚卵注射著鯽魚核酸。試驗室裡的同事們看不下去了，童老先生已經是70多歲的人啦。有人走上前心疼地說：「童老，休息一下吧！」

童第周頭也沒抬，邊忙碌著邊說：「要記住，我們的事業需要的是手，而不是嘴！而且，你們不是和我一樣忙嗎？」

同事們聽了，無不流露出欽佩神情，大家的工作積極性更加高了。

　　不久之後，他們的試驗獲得了成功，那些注射過鯽魚核酸的金魚慢慢長大了。牠們發生了奇妙的變化，在發育成長的320條金魚幼苗中，有106條由雙尾變成了單尾！要知道，金魚是雙尾的，鯽魚是單尾的，這些發生變化的金魚幼苗說明了一個問題：牠們表現出鯽魚的尾鰭形狀，牠們既有金魚的形狀，又有鯽魚的形狀。這就表明鯽魚卵中的核酸對改變金魚的遺傳形狀產生顯著的作用。

　　試驗證實了童第周的假設，在社會上引起巨大轟動。詩人趙樸初賦詩一首，稱這種單尾金魚為「童魚」，以盛讚童第周的科學貢獻。然而，童第周沒有就此止步，年邁的他開始採用親緣關係更遠一些的種類來做類似試驗，也一一獲得成功，進而在細胞遺傳學領域開闢了嶄新的天地。

　　細胞遺傳學是遺傳學中最早發展起來的學科，也是最基本的學科。細胞遺傳學中所闡明的基本規律適用於包括分子遺傳學在內的一切分支學科。

　　細胞遺傳學主要的研究對象是真核生物，特別是包括人類在內的高等動植物細胞。早期，它著重研究染色體的分離、重組、連鎖、交換等基礎內容，以及染色體變化引起的遺傳學效應問題，同時，它還涉及到各種生殖方式，比如無融合生殖、單性生殖以及減數分裂驅動等方面的遺傳學和細胞學基礎。隨著研究加深，細胞遺傳學的內容進一步擴大，衍生出一些分支學科，這些學科主要包括體細胞遺傳學、分子細胞遺傳學、進化細胞遺傳學、細胞器遺傳學、醫學細胞遺傳學等等。

　　拉瓦錫（西元1743年～1794年），法國化學家。近代化學的奠基人之一，近代化學之父。他的氧化學說徹底地推翻了燃素說。

婚姻裡的愛情心理學

愛情心理學是研究男女相愛時的心理現象及其發生、發展規律的科學。即探討男女在戀愛、婚姻中，愛情的獲得及穩固的心理規律，包括戀愛心理和婚姻心理兩部分。

巴斯德是法國著名微生物學家和化學家，一生成就卓著，深受世人尊重。然而，他在生活上卻總是顛三倒四，不守常規，常常做出離奇的舉動，因此被人們稱為瘋子。其中有一件事足以說明巴斯德配得上「瘋子」的稱謂。

巴斯德要結婚了，他的新娘名叫瑪麗。這天，巴斯德家裡賓客盈門，熱鬧非凡。他的父母、家人早早趕到舉行婚禮的教堂，等候婚禮開始。新娘瑪麗小姐在父母的陪同下也來到教堂。婚禮馬上就要開始了，牧師站起來，宣佈儀式開始，這時，大家才注意到，新郎卻還沒有到場。

巴斯德的家人立即開始四處尋找，可是找了半天，所有人都沒有找到巴斯德，只好失望而歸。瑪麗小姐一見找不到巴斯德，不知道出了什麼事情，以為他嫌棄自己，不肯前來結婚，於是當場傷心地哭了起來。

眼看婚禮無法舉行了，大家都很著急，卻又沒有辦法。情急之下，巴斯德的一位朋友說：「去實驗室看看吧，巴斯德也許在那裡。」在他的提議下，幾個人一起跑到實驗室。果然，巴斯德正在埋頭進行一項試驗，似乎將婚禮的事忘得一乾二淨了。

朋友們上前問道：「喂，你怎麼還在做試驗，難道忘了今天是什麼日子嗎？」巴斯德抬起頭，回答說：「先生，我怎麼可能忘記！可是，我的試驗不

能中斷，你看，它快要成功了。」說完，他繼續進行試驗，還是不肯立刻回去舉行婚禮。朋友們見狀，搖搖頭回去報信。

而巴斯德呢，一直堅持到試驗結束，連衣服都沒有換，就匆匆忙忙跑到教堂去。瑪麗小姐聽說了他遲到的原因，雖然感到傷心，但是想到巴斯德為科學獻身的精神，不由得由衷敬佩，所以原諒了自己的丈夫。

婚姻是人類的正常生活需求之一，科學家也不例外。人為什麼要結婚呢？這不僅要從社會學裡找答案，還要從愛情心理學中探求原因。

顧名思義，愛情心理學就是研究男女相愛時的心理現象及其發生、發展規律的科學。它包括戀愛心理和婚姻心理兩部分。具體研究的內容如下：穩固愛情的心理規律；男女相愛的心理奧秘；求愛及擇偶心理；初戀心理；愛情挫折心理及婚後各階段愛情發展的心理特點等等。所以，它是一門應用心理學。

人類從童年時起，就開始認識和接觸異性，對異性產生好感，這種異性的形象潛藏在潛意識裡，成為偶像。到了青年期，隨著性意識的發展，性文化的輸入，進而產生了強烈的性慾。於是，愛情自然而然地在兩性之間萌生了。所以，正常的愛情是建立在性慾基礎上的，和男女雙向交往過程中產生的高尚情感。它包括建立在性慾之上，對異性具有傾慕、珍惜之情的情愛和由異性間的依戀感及理想、情操、個性追求等複雜因素混合昇華而成的情愛。

舍勒（西元1742年～1786年），瑞典著名化學家，氧氣的發現人之一，同時對氯化氫、一氧化碳、二氧化碳、二氧化氮等多種氣體都有深入的研究。

武器專家的軍事科學

軍事科學是研究戰爭的本質和規律,並用於指導戰爭的準備與實施的科學。

1960年,中國準備發射從前蘇聯引進的P-2導彈。發射導彈,需要用合格的燃料推進劑。燃料就像是炸彈中的炸藥一樣,是導彈的食糧。沒有合格的燃料,導彈就算製造出來了,也只能是一個空殼,無法發射升空。所以,自從引進P-2導彈後,中國就按照蘇方提供的圖紙建成化工廠,生產燃料。可是,當中方生產的燃料運到發射基地時,前蘇聯專家卻說:「這些燃料要送到前蘇聯去化驗,合格了才能使用。」

中方同意了他們的要求,將燃料送往前蘇聯化驗。結果大大出人意料,前蘇聯專家接到化驗報告,說:「中國的燃料中含可燃性物質太多,使用中國的推進劑發射,導彈有爆炸的危險。要發射導彈,必須購買前蘇聯的推進劑。」

中方負責檢驗燃料品質的科研專家梁守磐和其他科學家大感失望,他們很清楚,這枚導彈是前蘇聯製造的,如果中國沒有掌握燃料推進劑生產技術,前蘇聯專家一旦離開,中國的導彈發展計畫便會擱淺。也就是說,沒有自己的推進劑,根本談不上發展中國自己的導彈事業。

問題已經水落石出,中方立即召開會議商討此事。會上,梁守磐氣憤之極,拍案而起,大聲說:「我們的產品經過化驗,完全達到了資料上規定的標準,為什麼不能使用?」

這句話猶如晴空霹靂,他們知道,梁守磐的話絕不是誇大其詞,中方生產的燃料確實進行了嚴格的化驗分析。這一點,在場的中外專家心裡都很清楚,

他們也瞭解梁守磐從不說空話。

可是，在當時的中國，他們是不敢輕易得罪前蘇聯專家的，因此，有人悄悄地勸告梁守磐：「應當尊重專家的意見，否則出了問題不好交待。」

梁守磐毫不畏怯，繼續爭論說：「引進的資料也是專家們的意見，而且是更多專家意見的結晶。我們根據資料生產了燃料，又根據理論做了嚴格分析，燃料不可能出問題。如果錯了，我願意接受處分！」

在場的人們嚇呆了，他們望著梁守磐，一時間會議現場靜悄悄的，空氣似乎凝固了。前蘇聯專家有些坐不住了，一個個露出不安神色。不過，他們依舊沒有表態，沒有接受梁守磐的意見。

會議只好結束。梁守磐帶著深深的不解陷入苦思中，他一天到晚地想著這件事，不停地搖著頭說：「我的每一步計算都是經過嚴格推敲的，怎麼會出錯呢？為什麼他們化驗的結果是這樣的呢？」

幾天後，事情終於真相大白。中國生產的燃料並非不合格產品，而是前蘇聯專家的化驗出了問題，他們在計算時，誤將分析資料中某一物質的氣態容積做為液態容積使用了，於是，這種雜質在液體燃料中所佔的百分比比實際數值高出了1000倍。這樣算出的推進劑當然不能使用。得知這種情況後，中方科研人員非常高興，他們積極準備著，打算與前蘇聯專家好好理論一番。可是，不久之後，中蘇關係破裂，蘇聯撤走了專家；答應運來的推進劑以推進劑廠發生了不測事故而拒絕提供了。

這時，P-2導彈是否繼續發射，成為擺在當時的中國科研人員面前最大的難題。梁守磐再次挺身而出，鏗鏘有力地說：「我擔保，我們的推進劑百分之百

合格。」他勇敢的表現和堅定的信念，極大地鼓舞了中方科研人員的士氣。這樣，1960年9月10日，在外國專家撤走後的第二十天，中國第一次用國產燃料成功地發射了 P-2彈道導彈，寫下了中國導彈發展史上的第一頁。

在人類歷史上，戰爭是客觀存在的，其發生、發展和滅亡具有一定規律，人們為了指導戰爭順利進行，不斷總結戰爭實際經驗，探索戰爭的客觀規律，尋求克敵致勝的手段和方法。軍事學就是在這個基礎上形成的。

從原始社會開始，部落或部落聯盟之間就不斷發生暴力衝突，這正是戰爭的初始時期。隨後，戰爭越演越烈，從未真正停息。隨著社會發展，戰爭的形式和規模也在不斷地變化、發展。由此形成的軍事科學也發生了很多變化，逐漸涉及國家的政治、經濟、科學技術、文化教育以及意識形態等各個方面。

軍事科學的根本任務，是從客觀實際出發，透過極其複雜的戰爭現象，探索戰爭的性質和規律。它以戰爭為研究對象，涉及自然科學和社會科學的各方面，是一門綜合性很強的學科。

梅西耶（西元1730年～1817年），法國著名的天文學家。他的成就主要集中在天文觀測領域，一共發現了近10顆彗星和100多顆雲霧狀天體。

法布林的昆蟲學

昆蟲學是以昆蟲為研究對象，透過對昆蟲進行觀察、收集、飼養和試驗，瞭解昆蟲的生活習性的科學。

被達爾文稱作「舉世無雙的觀察家」的法布林，在昆蟲學領域做出了傑出貢獻，他為我們揭開了昆蟲世界的種種有趣秘密，成為大家最喜愛的科學家之一。

1823年，法布林出生於法國南部一個叫聖雷昂的村子裡。少年的法布林家境貧寒，他沒有任何的玩具，不過幸好，他有著大片的田野可以嬉戲，因此，從小法布林就開始和小夥伴們在田野裡玩耍。

法布林與其他的孩子不一樣，他對昆蟲特別感興趣，口袋裡常常裝滿各色昆蟲，為了捉一隻小蟲子常常跟著蟲子到處奔跑。他經常問大人們，「為什麼魚兒要在水裡？」、「為什麼蝴蝶喜歡花朵？」可是大人們很多問題都答不出來。這讓法布林越來越好奇，發誓要弄清楚這些原因。

為了謀生，法布林14歲便出外工作，但他一直沒有放棄學習。19歲，他考入了亞威農師範學院，畢業後成為一名小學教師，後來又轉到中學任教。在教學時，他經常帶著學生們去認識各種昆蟲。他的《昆蟲記》，正是這麼多年累積下來的紀錄手稿。

有一天，法布林一大早就躺在大路旁，靜靜地觀察一塊大石頭上的昆蟲，一躺就是一整天。幾個農村婦女去田裡工作，從早上就看他躺在那裡，傍晚回家時他還一動也不動，她們很好奇，上前問他：「你在做什麼呢？還不回家？」

法布林專心觀察昆蟲，似乎沒有聽到婦女們的問話。

婦女們以為他出了什麼問題，嚇得趕緊回家告訴他的父母。法布林的父母趕到大石頭旁邊時，看他出神的樣子，隨即無可奈何地說：「不用擔心，他一定是在那裡觀察昆蟲。」

婦女們聽了，湊上去一看，果然，石頭上爬著很多昆蟲。有一位婦女不禁失聲說：「唉，這幾隻蟲子值得你看一天嗎？我還以為你對著大石頭禱告呢！」後來，法布林的行為在當地出了名，大家都稱他是「中了邪的人」。

冬天來臨了，法布林病了，但他一如既往地捉蟲子，觀察、研究蟲子。有一次，他捉了幾隻罕見的昆蟲，可惜這幾隻蟲子凍僵了，為了讓牠們生存下來，法布林把牠們放在懷裡，一直等牠們慢慢甦醒。

還有一次，他花了整整三年時間，觀察雄蠶蛾如何向雌蛾「求婚」。然而，就在他馬上可以看到結果的時候，一隻螳螂出現了，牠吃掉了蠶蛾，害得法布林痛失觀察的機會。之後，他又花了整整三年，才得到完整而準確的觀察紀錄。

法布林以忘我的精神研究昆蟲，終於取得了輝煌的成就，他寫的《昆蟲記》一共20卷，每卷大約20篇，共200多萬字，談到的昆蟲有100多種，成為我們瞭解昆蟲的寶貴資料。

法布林晚年時，法國文學界曾多次向諾貝爾文學獎評委推薦他的《昆蟲

記》，卻都沒成功。

為此，許多人或在報刊發表文章或寫信給法布林，為他不平。法布林平靜地回答這些人說：「我工作，是因為其中有樂趣，而不是為了追求榮譽。你們因為我被公眾遺忘而憤憤不平，其實，我並不很在乎。」

昆蟲學是以昆蟲為研究對象的科學。透過對昆蟲進行觀察、收集、飼養和試驗，瞭解昆蟲的生活習性，這種科學涵蓋面極廣，包括進化、生態學、行為學、形態學、生理學、生物化學和遺傳學等方面。

除了進行基礎研究，揭示昆蟲的生長發育規律外，科學家們還在很多情況下從事有害昆蟲的防治研究，以及有害昆蟲的利用研究，這就形成了經濟昆蟲學，也叫應用昆蟲學。透過對不同昆蟲的研究，掌握自然規律，使昆蟲最大程度地為農業生產、生活服務。

哈雷（西元1656年～1742年），英國著名天文學家、數學家。著名的哈雷彗星的發現者。哈雷還發現了天狼星、南河三和大角這三顆星的自行，以及月球長期加速現象。

丟鴨子的動力氣象學家

動力氣象學是應用物理學定律研究大氣運動的動力和熱力過程，以及它們的相互關係，從理論上探討大氣環流、天氣系統和其他大氣運動演變規律的大氣科學的分支學科。

中國氣象學家黃榮輝在科學研究中，往往全心投入到工作中，十分癡迷。因此他在研究所獲得了「書呆子」的外號。

有一年春節，研究所為每人發了一隻鴨子。這天，黃榮輝依舊沉浸在思考大氣波動問題上，推導有關行星波傳播的數學公式，根本顧不了鴨子的問題。然而天黑了，同事們陸陸續續回家了。一名同事看著黃榮輝還在思考問題，提醒他說：「快走吧！該回家過年了。」

黃榮輝這才起身，拿著同事遞過來的鴨子回家。他將鴨子掛在自行車把手，騎著自行車，一路走一路推導公式。路燈璀璨，街道冷清，家家戶戶都在忙著過新年，誰也不會想到一位科學家正走在寒夜裡思索科學問題。

當黃榮輝走回家時，已經很晚了，他的夫人連忙出門迎接。

這時，黃榮輝放下車子，剛要進屋，突然想起一件事：鴨子哪裡去了？

夫人看他傻呼呼的樣子，笑著說：「一個大人拿著一隻死鴨子還弄丟了？算了，這也不是第一次，快洗一下手吃飯吧，大家都等著你吃團圓飯呢！」

說也湊巧，正當黃榮輝一家準備吃飯時，門鈴響了，一位同事走進來，手裡拎著一隻鴨子說：「鴨子不見了，幫你送回來了。」

黃榮輝的夫人吃驚地問：「你怎麼知道是他弄丟的？」

同事笑呵呵地說：「這很簡單，我在宿舍大樓外撿到這隻鴨子，立即推理了一下：我們所裡每個人都發了鴨子，丟鴨子的人這麼晚才回家，這個人會是誰呢？不用問，一定是『書呆子』黃榮輝。」

眾人一聽，轟然大笑。

就是靠著這有些傻傻呆呆的鑽研精神，黃榮輝才能獲得如此輝煌的研究成果。他曾經感嘆道：「靈感從沒有幫過我的忙。」這個貧困農民家的孩子，所依靠的只是不懈的奮鬥精神。

正是如此，當人們剛剛開始關注太平洋上的「厄爾尼諾」現象的時候，黃榮輝已經對導致這些現象的大氣行星波動機制進行了開拓性探索。他提出必須在垂直方向上把大氣分成很多層，這樣才能正確描述這種波動。而他也正是世界上最早把大氣分成34層來研究一場行星波的人。

後來，一位英國著名的大氣動力學家在他的著作中說：「在我的文章脫稿之後，中國的黃博士已經發表了他用三維多層模式的研究成果，我的結果與他的結果類似。」可見，黃榮輝的研究，確實是走在世界前端的。

黃榮輝研究的課題屬於動力氣象學範疇。動力氣象學既是大氣科學的一個分支，也是流體力學的一個分支。

　　這門學科主要研究大氣運動的動力和熱力過程，以及它們的相互關係，從理論上探討大氣環流、天氣系統和其他大氣運動的演變規律。按照研究內容不同，動力氣象學可以分成大氣動力學、大氣熱力學、大氣環流、大氣端流、數值天氣預報、大氣運動數值試驗、大氣運動，模型實驗等分支學科。其中以大氣動力學和大氣熱力學為主。

　　大氣處於運動之中，這種動能來自於太陽輻射能。大氣在轉化輻射能的過程中，就像一架熱機，不過它的轉化效率很低，運動不明顯。這就是大氣動力學和熱力學的研究問題。

　　動力氣象學已經形成較完整的理論體系，這些理論在天氣預報實踐中，形成了完整的數值天氣預報學科，因此使天氣預報逐步走向定量化、客觀化，成為天氣預報中不可缺少的理論基礎。

高斯（西元1777年～1855年），德國數學家、天文學家和物理學家。他發明了最小二乘法原理，證明了代數基本定理。他的《算術研究》一書，奠定了近代數論的基礎。

狗參加的生理學實驗

生理學是以生物機體的生命活動現象和機體各個組成部分的功能為研究對象的一門科學。它是研究活機體的正常生命活動規律的生物學分支學科。

巴甫洛夫喜歡用狗做實驗，並且透過這些試驗發現了很多著名理論，前面提到的條件反射理論就是他用狗做試驗發現的結果。而他透過這種動物試驗，還發現了生理學中的其他方面。

巴甫洛夫很想知道動物消化系統的工作情況，但是，消化系統在動物體內，消化活動進行時，人們看不見；如果把肚子剖開來看，動物又不能進行消化活動了。如何才能解決這個難題呢？

巴甫洛夫經過苦思冥想，煞費苦心地設計了一個複雜的試驗：他替一隻狗動了手術，把狗的食道在頸部中央割斷，然後，他小心地將割斷的兩端都引出體外，並縫在皮膚上。完成以後，他又給狗進行了第二階段的手術。這次，手術部位在狗的胃部，他將一根瘻管插到狗的胃裡，然後將瘻管引出體外，外面再接上橡皮管。

將一切準備就緒後，巴甫洛夫讓狗休息一段時間，然後端來一盆鮮肉，放在狗的面前。經過兩次消化系統手術，狗已經十分飢餓，牠立刻貪婪地大口吞起肉來，只在嘴裡咀嚼幾下就吞下去了。可以想像，這些肉到不了牠的胃裡，因為牠的食道已被切斷了，吞下去的肉順著食管又掉到了餐盤裡。

所以，狗的胃裡始終沒有肉，牠一直感到非常飢餓，為了滿足食慾，牠一直不停地貪婪地吃著，卻總是吃不飽。而盤子裡的肉呢，卻始終保持那麼多。此時，巴甫洛夫當然不會盯著狗吃肉的場面而不顧忌其他，他知道，自己這個試驗的重點在橡皮管上。隨著實驗的進行，他清楚地看到了：在狗徒勞地吃肉後的四、五分鐘裡，橡皮管裡流出了大量的胃液。

這個實驗就是有名的「假飼實驗」。透過這個試驗，巴甫洛夫觀察到了狗的消化腺的分泌情況，他因此得出結論，當食物還沒有進入胃的時候，胃就具有分泌胃液的機能。當時，許多科學家都稱讚「假飼實驗」是19世紀最有貢獻的生理學實驗。後來，巴甫洛夫獲得了1904年的諾貝爾醫學獎。

近代生理學始於17世紀，以試驗為主要特徵，後經過歷代科學家努力取得很大發展。一般所說的生理學主要是指人體和高等脊椎動物的生理學。根據研究對象不同，生理學可分為微生物生理學、植物生理學、動物生理學和人體生理學。除了研究人體正常生命活動外，生理學的另一個任務就是研究人體的異常生命活動的規律。這就從理學領域又衍生了病理生理學，這對人類疾病的發生、發展和防治提供了理論依據。

如今，隨著科技、工業和航太事業的發展，機體在高溫、低溫、航太失重時的生理變化，已經引起生理學家關注，對此的研究應運而生。生理學這門由來已久的學科在現代科技和生活面前，又展現出嶄新的魅力。

> 卡文迪什（西元1731年～1810年），英國物理學家和化學家。重大貢獻之一是1798年完成了測量萬有引力的扭秤實驗，後世稱為卡文迪什實驗。他開創了弱力測量的新時代。

考驗學生的診斷學

診斷學是論述診察判斷疾病的基本理論、基本方法、基本技能以及認識疾病的科學思維方法的一門學科。

威廉·奧斯列爾是英國大名鼎鼎的內科醫生，他學術精湛，為人隨和，特別喜歡開玩笑。有一年，倫敦醫學院邀請他擔任畢業考試委員會主席。奧斯列爾接到邀請，十分痛快地答應下來。到了考試那天，他獨自一人興沖沖趕往候試大廳，看到那裡有很多學生，還有不少因考試特邀來的患者，他知道，醫學院的大學生們須透過為這些病人診斷來證明自己的確診能力，達到要求才能通過考試。

奧斯列爾在人群中等候著，過了一會兒，他突然靈機一動，想到一個主意。只見他步態歪歪斜斜地在大廳裡走來走去，極像一位得了脊髓病的患者。他的樣子十分引人注目，不多時，一名大學生走過來，悄悄地問道：「先生，您得了什麼病？」

奧斯列爾聲音低沉地回答：「脊髓癆。」大學生很高興，連忙往他的手心裡塞了1先令銀幣。大學生哪裡想到，這是奧斯列爾故意裝病來觀察學生們，看看他們有沒有作弊行為。沒想到，一下子就「抓」住了他。但是奧斯列爾什麼也沒說，他拿著1先令銀幣悄悄走開了。考試開始了，當那名作弊的大學生走進考場，看見剛才那個隨和的老人不在應召病人之列，而是端坐在主席台椅上時，頓時窘得滿臉通紅，無地自容。

這是一個關於診斷學的故事。診斷學是論述診察判斷疾病的基本理論、基本方法、基本技能以及認識疾病的科學思維方法的一門學科。它是建立在基礎

醫學、現代科技、臨床實踐經驗上的一門臨床基礎課;是醫學生由基礎醫學步入臨床醫學的橋樑;是一個優秀臨床醫生必須熟練掌握的基礎理論知識、基本技術和方法。因此,診斷學是醫學科學的重要學科之一。

診斷學的內容廣泛,包括問診、常見症狀、體格檢查、心電圖檢查、實驗診斷、診斷思維方法與病歷書寫,並概要介紹診斷方法的新進展。問診,是透過醫生與患者進行提問與回答瞭解疾病發生、發展的過程。

症狀是指患者主觀感受到不適或痛苦的異常感覺或某些客觀病態改變。重點講授常見症狀,要求醫生掌握主要常見症狀的臨床特點、出現原因、發生機制及臨床意義,瞭解症狀的分析對診斷疾病的重要作用。

體格檢查的基本檢查方法及一般檢查有視診、觸診、叩診、聽診、嗅診等基本方法。是醫生用自己的感官或傳統的輔助器具(聽診器、叩診錘、血壓計、體溫計等)對患者進行系統的觀察和檢查,揭示機體正常和異常徵象的臨床診斷方法。

實驗室檢查是透過物理、化學和生物學等實驗室方法對患者的血液、體液、分泌物、排泄物、細胞取樣和組織標本等進行檢查,進而獲得病原學、病理形態學或器官功能狀態等資料,結合病史、臨床症狀和體徵進行全面分析的診斷方法。

拉格朗日(西元1735年～1813年),法國數學家、物理學家。他在數學上最突出的貢獻是使數學分析與幾何和力學分離開來,從此數學不再僅僅是其他學科的工具。

免疫學論文不免疫

免疫學是研究生物體對抗原物質免疫應答性及其方法的生物──醫學科學。免疫應答是機體對抗原刺激的反應，也是對抗原物質進行識別和排除的一種生物學過程。

羅密琳·雅羅出生於1921年，她從小對自然科學深感興趣，在大學裡也熱衷於物理學，渴望從事科學研究工作。然而，當時的美國，有著非常嚴重的性別歧視，沒有哪個大學願意將一筆物理學獎金頒給一個女性。面對現狀，雅羅沒有放棄，她換了一種方式，主動替一位傑出的化學家當非全日制秘書。由於工作十分出色，幾個月後，她得到化學家推薦，獲得了伊利諾依大學的獎學金，並提供給她一個助理研究員的職位。

1950年，雅羅專門從事放射同位素的研究。她與她的合作者貝爾森博士合作了20年，共同創立了放射免疫檢驗方法。這種方法包括兩方面的技術內容：一是生物學方面的，它可以利用特殊抗體的反應，甄別所給定的有機物質；一是物理學方面的，它將有放射性的原子引入有機物質中，給這些有機物質做上記號。

兩位科學家非常激動地將他們的研究成果寫成論文，分別投到兩家雜誌社，希望引起關注和推廣。然而這種方法與當時的治療理論不太合適。因為治療藥物能引起抗體是不可思議的事，因此其發現並不為當時的人所接受。

看到這個結果，兩位科學家十分失望。不過，他們沒有在傷心中沉淪放棄，而是選擇了積極進取。經過絞盡腦汁地思索，他們將論文做了巧妙地技術性修改，其中突出放射免疫測定法的物理學技術，而隱藏生物學技術問題。這

樣一來，這篇論文就成為一篇物理學論文，與治療理論無關。果然，雜誌社接到「新」論文，很快地以物理學論文發表。兩位科學家成功地瞞過了保守者墨守陳規的眼睛，將論文公諸於世，取得巨大轟動。

免疫學是研究生物體對抗原物質免疫應答性及其方法的生物──醫學科學。免疫應答是機體對抗原刺激的反應，也是對抗原物質進行識別和排除的一種生物學過程。免疫學的發展有著漫長的歷史，早在1000多年前，人們就發現了免疫現象，並因此發展出對傳染病的免疫預防。

19世紀末，法國微生物學家巴斯德發明用減毒炭疽桿菌苗株製成疫苗，預防動物的炭疽病；用減毒狂犬病毒株製成疫苗，預防人類的狂犬病等，都是免疫學的進步發展。在此基礎上，免疫學取得重大發展，形成細胞免疫和體液免疫兩大學派。20世紀60年代，隨著組織器官移植的開展，科學家對移植物排斥、免疫承受性、免疫抑制、免疫缺陷、自身免疫、腫瘤免疫等進行了深入的研究，重新認識了免疫應答，將其定義為既可防禦傳染和保護機體，又可造成免疫損害和引起疾病的一個生物學過程。

從此，免疫不再單單指抗傳染病免疫，而是生物體對一切非己分子進行識別與排除的過程，是維持機體相對穩定的一種生理反應，是機體自我識別的一種普遍生物學現象。

范內瓦‧布希（西元1980年～1974年），被譽為「資訊時代的教父」，創造出世界上首台類比電腦，組織和領導了製造第一顆原子彈著名的「曼哈頓計畫」，參與了從氫彈的發明、登月飛行直到「星球大戰計畫」的眾多重大的科學技術工程。

受譏諷的立體化學

立體化學就是從立體的角度出發研究分子的結構和反應行為的學科。研究對象是有機分子和無機分子。

1852年8月30日，荷蘭鹿特丹的一位醫學博士之家誕生了一個男嬰，取名范霍夫。這個孩子從小聰明過人，在中學讀書時，對化學實驗產生了濃厚興趣。他常常偷偷溜到學校的實驗室去做化學試驗，而且專門挑選那些易燃易爆和劇毒的危險品做試驗材料。

後來，這件事情被老師發現了，老師告訴了范霍夫的父親。父親得知兒子的情況後，起初很生氣，繼而一想，覺得既然兒子喜歡做試驗，不妨給他一間實驗室，省得他偷偷跑到學校去。這樣，年少的范霍夫有了自己簡陋的實驗室，開始更努力地攀登化學之峰。范霍夫中學畢業後，考入大學攻讀化學。有一天，他坐在圖書館裡認真地閱讀一篇論文，這是威利森努斯研究乳酸的文章。范霍夫一邊看著，一邊隨手在身邊的紙上畫著乳酸的化學式。

不一會兒，論文看完了，化學式也畫完了。范霍夫拿著自己畫的化學式，若有所思地盯著上面的每個符號，突然，他被分子中心的一個碳原子吸引住了。他想，要是這個碳原子換成氫原子，那麼，這個乳酸分子不就變成甲烷分子啦？因此他產生聯想，要是甲烷分子中的氫原子和碳原子排列在同一個平面上，情況會怎樣呢？

這個偶然產生的想法，使范霍夫異常激動，他隱隱覺得將有重大的發現誕生了。他不由得興奮地奔出圖書館，在大街上邊走邊構想甲烷分子中氫原子和碳原子的排列問題，他想能不能讓甲烷分子中的4個氫原子都與碳原子排列在一

個平面上呢？

范霍夫具有廣博的數學、物理學等知識，他將自己的假設仔細思索一遍，認為只有當氫原子均勻地分佈在一個碳原子周圍的空間時，它們才能排列到一個平面上。那麼，在這樣的空間裡甲烷分子是個什麼樣子呢？范霍夫苦苦思索，猛然頓悟，正四面體！應該是正四面體！這才是甲烷分子最恰當的空間排列方式！

想到這裡，范霍夫立即跑回圖書館，他坐下來，按照自己想像的重新畫出來。他在乳酸化學式的旁邊畫了兩個正四面體，其中一個是另一個的鏡像。接著，他又把自己的假設歸納研究一下，竟然驚奇地發現，物質的旋光特性的差異，是和它們的分子空間結構密切相關的。這就是物質產生旋光異構的秘密所在。

范霍夫格外激動，他立即將自己的發現整理成論文，提出了分子的空間立體結構假設。這個假設一經誕生，馬上引起化學界巨大的迴響。很多科學家紛紛發表文章評論范霍夫的假設。其中既有肯定的，也不乏否定的聲音。而德國的萊比錫的赫爾曼·柯爾貝教授對此的批評最為尖銳，他撰文說：「有一位烏德勒支獸醫學院的范霍夫博士，對精確的化學研究不感興趣。在他的《立體化學》中宣告說，他認為最方便的是乘上他從獸醫學院租來的飛馬，當他勇敢地飛向化學的帕納薩斯山的頂峰時，他發現，原子是如何自行地在宇宙空間中組合起來的。」然而，卻也有知名的化學家激動地寫信來說：「我在您的文章中，不僅看到了說明迄今未弄清楚的事實的極其機智的嘗試，而且我也相信，這種嘗試在我們這門科學中將具有劃時代的意義。」

然而，范霍夫面對諷刺，卻表現出極其認真的態度，他瞭解到普遍規律性

的重要，因此更加努力地進行科研探索，在有機化學、熱力學等領域做出很大貢獻，成為1901年首位諾貝爾化學獎得主。

立體化學就是從立體的角度出發研究分子的結構和反應行為的學科。研究對象是有機分子和無機分子。由於有機化合物分子中主要的價鍵——共價鍵，具有方向性特徵，立體化學在有機化學中佔有更重要的地位。

立體化學分為兩部分，一是靜態立體化學，研究分子中各原子或原子團在空間位置的相互關係，主要以不對稱合成獲得某一旋光異構體為目的；二是動態立體化學，研究構型異構體的製備及其在化學反應中的行為等問題，除構象分析外，還對各個經典反應類型，如加成反應、取代反應中的立體化學現象進行研究。

立體化學除了用來研究有機化合物的分子結構和反應性能外，還在天然產物化學、生物化學、高分子化學等中發揮重要的作用。另外，立體化學在生命科技領域也有廣泛應用，特別是在對生物大分子和核酸分子的認識和人工合成方面尤其重要。

蓋倫（西元129年～199年），蓋倫是古羅馬時期最著名且最有影響的醫學大師，他被認為是僅次於希波克拉底的第二個醫學權威。建立了血液的運動理論和對三種靈魂學說的發展。

愛因斯坦錯誤的宇宙學

現代宇宙學包括密切關聯的兩個方面，即觀測宇宙學和理論宇宙學。前者側重於發現大尺度的觀測特徵，後者側重於研究宇宙的運動學和動力學以及建立宇宙模型。

愛因斯坦是偉大的科學家，一生成就卓越，為人類做出了了不起的貢獻。儘管如此，他依然十分謙謹，在發現錯誤後勇於承認，這件事也成為他光輝人格的一個寫照。

1917年，愛因斯坦剛剛創立了廣義相對論的第二年。當時，他認為宇宙是靜態性的。為了證明這一點，他和荷蘭物理學家德西特各自獨立進行此項工作的研究。可是，在他的研究過程中，他發現宇宙是動態的，而非想像中的靜態。也就是說宇宙不是膨脹，就是收縮，始終處於運動狀態。這讓愛因斯坦大驚失色，可是由於物理直覺上的偏見和數學運算上的失誤，他不肯放棄自己的最初理論，堅持靜態宇宙的概念。

但是如何求得一個靜態的宇宙模型解呢？他違心地在自己的研究中採用了一個「宇宙項」，這個結論在當時既符合宇宙學原理，又符合已知的觀測事實。因此，表面看來非常合乎科學道理，得到大多數人認同。

然而，真理不會被埋沒。1922年和1927年，美國學者弗里德曼和比利時學者勒特分別從數學角度證明，宇宙不是靜態的，而是均勻地膨脹或收縮著。

愛因斯坦得知這個結果後，仍然固執己見，不肯放棄他的靜態宇宙模型觀。並且在多次會議上，與他們展開辯論，批評、指責他們。

　　事情卻不像愛因斯坦預料的那樣發展。不到兩年後，美國天文學家哈勃根據遠距星雲的觀測，發現遠距恆星發出的光譜線有紅移現象，離地球越遠的恆星光譜線紅移越大。這就說明恆星在遠離地球而去。他的發現對弗里德曼等人的動態宇宙模型說是極大的支持。

　　至此，愛因斯坦終於明白自己的錯誤，他誠懇地說：「堅持靜態宇宙模型，是我一生中最大的錯誤。」他收回了對弗里德曼等人的批評，並積極支持宇宙動態模型說。

　　後來，愛因斯坦不斷反省自己在科研方面的諸多成果，仔細考慮它們的對錯和失誤，擔心錯誤的觀念流傳下去，他向好友索洛文表示：「我感到在我的工作中沒有一個概念是很牢靠地站得住的，我也不能肯定我所走的道路一定是正確的。」由此可見，這位舉世聞名的偉大科學家能勇於承認自己的失誤，謙虛地回顧自己已被世人承認和稱頌的成就，說明了愛因斯坦實事求是、尊重科學的坦蕩胸懷。

　　宇宙學是從整體的角度來研究宇宙的結構和演化的天文學分支學科。分為觀測宇宙學和理論宇宙學兩部分。前者側重於發現大尺度的宇宙現象，後者側重於研究宇宙的運動學和動力學以及建立宇宙模型。

　　觀測宇宙學研究發現，在宇宙中，存在著一些大尺度的系統性特徵。宇宙中，除了幾個距離較近的星系之外，河外天體譜線大都有紅移，而且絕大多數譜線的紅移量是相等的。

紅移量和星系之間的距離以及星系的角徑有關，並且具有一定規律。

在宇宙背景輻射中，存在著多種波段的輻射，但是微波波段比其他波段都強，譜型接近黑體輻射。微波背景輻射大致性質相同，但是方向各異，起伏不明顯。小尺度起伏不超過千分之二、三，大尺度的起伏則更小一些。

大尺度天體系統具有特別的性質，它的結構、運動和演化並非小尺度天體系統的簡單延伸。而現代宇宙學，正是研究這一系列大尺度現象所固有的特徵，進而與其他天文分支學科做區別。

惠更斯（西元1629年～1695年），荷蘭物理學家、天文學家和數學家。他建立向心力定律，提出動量守恆原理，改進了計時器。

盧嘉錫毛估結構化學

結構化學是在原子、分子基準上研究物質分子構型與組成的相互關係，以及結構和各種運動的相互影響的化學分支學科。

盧嘉錫是中國著名的化學家，他毛估出固氮酶活性中心的「原子簇」模型，也叫做「網兜」模型，在19年後才被測定出來。他的「毛估」本領不由得讓人大大折服。

1933年，盧嘉錫還是一位大三學生。有一次，他的老師區嘉煒教授出了一道特別難的題目測驗自己的學生，結果只有盧嘉錫一人做出來。可是，盧嘉錫卻把小數點點錯一位。為此，區嘉煒教授只給了他1/4 的分數，並語重心長地對他說：「假如設計一座橋樑，小數點點錯一位可就要出大問題、犯大錯誤，今天我扣你3／4的分數，就是扣你把小數點點錯了地方。」

這件事給了盧嘉錫很大震撼，他反覆地思索：如何才能避免把小數點點錯地方呢？善於總結學習方法的他發現，適當地毛估會避免一定的失誤，使計算更準確。後來，他走上了獻身科學的道路。發現從事科學研究同樣需要進行「毛估」，或者說進行科學的猜想。

1939年秋天，盧嘉錫趕赴美國留學，師從當時很有名氣的結構化學家鮑林教授。在他身邊，盧嘉錫見識了鮑林教授的「毛估」本領，對於科學「毛估」有了更深層次的認識和研究。

結構化學在當時處於初級階段，所以，一般情況下科學家們需要花費很大的力氣才能弄清楚某一物質的分子結構。但是，鮑林教授卻不同，他研究分子

結構比起別人要迅速、簡單得多，成就更加突出。

這是什麼原因造成的呢？盧嘉錫仔細觀察，發現了一個特點。原來鮑林教授具有一種獨特的化學直觀能力，他往往在只有某種物質的化學式時，就能透過「毛估」大體上想像出這種物質的分子結構模型。

受此影響，盧嘉錫常常想，鮑林教授研究分子結構，靠的是一種「毛估」方法，我在科學研究上為什麼就不能效仿呢？經過反覆揣摩思索，他領悟出了科學「毛估」的特色。「毛估」需要有出色的想像力，但是，這種想像力必須紮根於那些已經擁有紮實的基礎理論知識和豐富的科研實踐經驗的頭腦。於是，盧嘉錫明白了，他開始更加勤奮，孜孜以求，希望能夠早日掌握準確「毛估」的本事。

許多年以後，盧嘉錫成為著名科學家。1973年，他負責組織開展一系列關於固氮酶研究工作。當時，國際學術界對固氮酶「活性中心」結構問題的研究還處在朦朧狀態，然而，盧嘉錫大膽提出了固氮酶活性中心的「原子簇」模型。由於模型的樣子像網兜，因而又稱之為「網兜模型」。

幾年之後，國外才陸續提出「原子簇」的模型。1992年，美國人終於測定出了實際的固氮酶基本結構，與盧嘉錫當年提出的模型在結構方面基本近似。因此，他的「毛估」本領引起科學界極大關注。而他本人在長期的科研實踐中，也不斷總結經驗，「毛估」本領越來越強。

他還把毛估的本領傳授給學生們，告誡他們：「毛估比不估好！」

其實，盧嘉錫推崇的科學「毛估」，在科學領域一般表現為某種科學假設或假說，他因此提醒從事科研的人們說：「運用『毛估』需要有個科學的前提，

那就是全面地把握事物的本質，否則，『未得其中三昧』，那毛估就可能變成『瞎估』。」

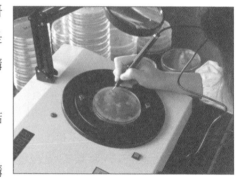

「毛估」是結構化學中一種重要的研究方法。結構化學是化學的分支學科，是在分子、原子層面上研究物質的微觀結構及其與宏觀性之間相互關係的新興學科。它注重化學物質的內部結構，以及分子結構在各種運動影響下的變化特點，因此，科學家喜歡用「毛估」的方法假設其結構及其變化形式。

當然，研究結構化學的方法不只「毛估」一種，一般來說，近代各種實驗方法都可以用來測定分子靜態、動態結構和靜態、動態性能。

貝塞爾（西元1784年～1846年），德國著名的天文學家和數學家，天體測量學的奠基人。1837年，他發現天鵝座61正在非常緩慢地改變位置，這顆星的視差是0.31弧秒，這是世界上最早測定的恆星視差之一。

水旱淡人的水利工程學

水利工程是指用於控制和調配自然界的地表水和地下水，達到除害興利目的而修建的工程，也稱為水工程。

大約在西元前256年，即秦昭公51年，山西人李冰被任命為蜀（今四川成都）郡守。來到蜀地的李冰很快地發現，這是一個災情嚴重的地方。發源於成都平原北部岷山的岷江，水流湍急，到了灌縣附近後，更是因突然從高山峽谷中來到平原，水勢浩大，奔流不息，挾帶不少泥沙。泥沙堆積，使得河床升高，水面也隨之上升，因此往往會沖潰堤岸，導致河水氾濫，民不聊生。

李冰之前究竟有沒有治水的經驗，已經沒有人能知道了，但可以肯定的是，他已經下定了治水的決心。從此，李冰和他的兒子開始沿岷江兩岸進行實地考察，收集關於水情和地勢的第一手資料，開始了轟轟烈烈的治水行動。

在灌縣城外有一座玉壘山，東西擋住了岷江，使江水不能暢流。

岷江東岸因為水流不過去往往會發生旱災，而岷江西岸則由於水量過大，常常發生水災。於是他們先將玉壘山鑿開了一個二十米寬的缺口，然而在岷江中構築分水堰，將江水分做兩支，讓其中一支流進寶瓶口。

岷江分成了外江和內江，外江是岷江的本流，經過寶瓶口的江水叫內江，通向沱江。從此，岷江分流水量減輕，便不再發生洪水氾濫的情況了。

　　李冰還在江中設置石人，以瞭解江水水位，「竭不至足，盛不沒肩」。同時，李冰父子還總結出了「深淘灘，低作堰」等水利原則。在他治理完岷江之後，當地再也沒有發生過洪水氾濫之事，成都也成為著名的「天府之國」。

　　1970年，葛洲壩水利樞紐工程啟動，水利專家嚴愷身為技術顧問，兢兢業業，不敢有絲毫的懈怠。

　　恰好1973年中美建交，周恩來總理提議派一個水利考察團到美國，美方欣然接受，於是，嚴愷身為考察組組長帶領考察隊上路了。在美國，嚴愷帶領同事們馬不停蹄，認真、詳細地考察了他們的很多水利工程，收穫頗豐。當嚴愷等人廢寢忘食地工作時，美方科技人員不由得伸出大拇指說：「你們這麼認真，一定能建造了不起的工程。」

　　嚴愷謙虛地搖搖頭，繼續考察他們船閘的規模、佈置與通航條件、閘門與啟閉機、水利樞紐的航道淤積、溢洪道閘門與消能防沖、魚道、大壩導流、截流……。面對各方面的問題，嚴愷總是認真、仔細地一一詢問，以求達到理解。

　　經過幾個月的努力和奔波，嚴愷和同事們充分吸取了國外在大型水利工程方面的經驗與教訓，然後，他們運用自己的學識，提出了解決葛洲壩工程有關難題的方案。在他們論證的基礎上，葛洲壩水利樞紐工程順利完工。

　　對於三峽工程，嚴愷更是傾注了無數心血，這成為他有生之年未竟之業中魂牽夢縈的大事。他參加了三峽工程可行性論證的整個過程，並積極主張工程上馬。1992年，80歲高齡的嚴愷教授憑藉他在國際水利界的威望，再次訪美，介紹長江三峽工程，為消除誤解奔走呼號，為引進外資牽線搭橋。經過不懈努力，工程終於啟動。今天的三峽工程，是世界上最大的水利樞紐工程。

水利工程，也叫水工程，指用於控制和調配自然界的地表水和地下水，達到除害興利目的而修建的工程。

水利工程已有多年的發展歷史，從古至今，人們一直與水進行著堅韌不拔的抗爭，其中修建水利工程就是一項重要內容。一般來說，水利工程規模很大，涉及到修建壩、堤、溢洪道、水閘、進水口、管道、渡漕、筏道、魚道等不同類型的水工建築物，才能達到實現目標的目的。

與其他工程相比，水利工程具有自己獨特的特點：一是影響面很廣。一項水利工程的興建，對周圍地區的環境將產生很大的影響。所以，制訂水利工程規劃時，必須從流域或地區的全局出發，盡量減免不利影響，平衡各方面，以達到最佳效果。二是水利工程投資多，技術複雜，工期較長。

勒威耶（西元1811年～1877年），法國天文學家，發現了水星近日點的異常進動，並預言「水內行星」的存在，這個預言雖然後來被愛因斯坦用廣義相對論成功解釋，但至今仍未能得到最後的證實。

第五章

科學研究及其他

數學之王的《算術研究》

表面張力是物質的特性，其大小與溫度和介面兩相物質的性質有關。一般來說，促使液體表面收縮的力叫做表面張力。

　　他是19世紀最具代表性的人物，他鑽研過數論、代數、微分幾何、天文、力學、水工學、電工學、磁學、光學等等，他在科學史上的地位，只有阿基米德和牛頓可以與之相提並論。他就是高斯。

　　3歲那年，身為水泥廠工頭的父親正在發薪水給工人，高斯在一旁玩耍。然而，他很快地站起來，告訴父親他算錯了數目，並說出了正確的數目。所有人都目瞪口呆，從此以後他們都堅信，高斯在學說話之前就已經學會了計算，他一定是個天才。

　　10歲時的高斯還是一個小學生，一次，他的數學老師打算偷懶休息一下，於是給孩子們出了一道題目，從1一直加到100，這些孩子們才剛剛學算數，這個題目要耗費他們好多的時間。

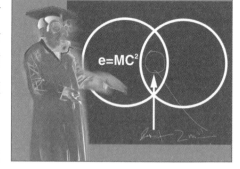

　　可是，數學老師剛剛想著他可以休息一會兒的時候，高斯已經站起來了，他告訴老師說：「我算出來了。」數學老師愣了，他不相信一個10歲的孩子可以這麼快的做出來。他沉下臉，問高斯的答案，高斯朗聲說：「5050。」

　　老師更驚訝了，他簡直無法想像，一個10歲的孩子是怎樣在幾秒鐘的時間

內就算出一個正確的答案的。高斯再次向他解釋說，$1+100=101$，$2+99=$

101，$3+98=101$……$49+52=101$，$50+51=101$，一共有50對和為101的數

目，所以答案是$50×101=5050$。

10歲的高斯，就已經找到了算術級數的對稱性。

後來，費南迪公爵聽說了這個天才的孩子，很賞識他的才華，於是決定資

助他，從此，高斯得以進入專門的學府進行學習和研究。在這段學習期間，他

證明了代數的一個重要的定理：任何一元代數方程式都有根。這就是「代數基

本定理」。同時，他還發現了「高斯曲線」，奠定了機率學的基礎。

24歲時，高斯臨時投入天文學的研究中，第二年他便準確預測到了小行星

二號——智神星的位置，引起了巨大轟動。50多歲的時候，他又開始和一位名叫

韋伯的科學家研究磁學，並製造了世界上第一部電報機。

高斯死後，1898年哥廷根皇家學會向他的孫子借到了他的日記進行研究，

人們才發現，高斯還有140多項研究成果並未公佈。比如有關橢圓函數雙週期性

的內容，就在他的日記中沉睡了整整100年才被發現，並由後人加以發展。

為什麼高斯不公佈他的許多研究成果呢？原來，高斯是一個十分嚴謹的

人，他覺得這些研究還不夠完善，有進一步論證的必要，因此，他是絕不會向

眾人公佈的。

如果高斯公佈這些研究成果的話，那數學史也將會隨之改變了。美國的著

名數學家貝爾在他的《數學工作者》中是這麼說的：「在高斯死後，人們才知

道他早就預見一些19世紀的數學，而且在1800年之前已經期待它們的出現。如

果他能把他所知道的一些東西洩漏，很有可能現在數學預估比目前還要先進半

個世紀或更多的時間。」

高斯留下來的最重要的著作便是他的
《算術研究》。這部書結束了19世紀以前數
論的無系統狀態，開啟了19世紀數學研究
的大門。德國著名數學史家莫里茨‧康托
曾說過：「《算術研究》是數論的憲章。」
但這部著作主題深奧，一般人往往看不
懂，因為它總共七章，所以大家都稱它為
「加七道封漆的著作」。

在這部書中，高斯提出了「同餘」、「二次互反律」、雙二次互反律和三次
互反律等多個概念，並運用冪的同餘理論證明了費馬小定理，他還提出了一系
列關於型的等價定理和型的複合理論。

康德（西元1724年～1804年），德國哲學
家、天文學家，星雲說的創立者之一，德國
古典唯心主義創始人。1754年，對「宇宙不
變論」大膽提出質疑。

千年前的結核病

結核病是由結核桿菌感染引起的慢性傳染病。結核菌可能侵入人體全身各種器官，但主要侵犯肺臟，稱為肺結核病。

自古以來結核病就是人類的大敵，在成千上萬年的人類歷史變遷中，不知有多少人喪生在結核病的手中。不管在東方還是在西方，結核病都曾經肆虐蔓延，給人類帶來極大的危害。

1972年，中國的考古工作者在湖南長沙的馬王堆發掘了一座西漢古墓，令人大感吃驚的是，在這座古墓中，人們發現了一具沒有腐爛的女屍，而且，透過醫學工作者對這具2100年前埋葬的女屍進行的周密詳盡的病理解剖發現，在女屍的肺組織中竟然找到了清晰的肺結核的病變。

同樣的情況還出現在世界另一個同樣古老的國家，那就是埃及。在古代埃及，有一種風俗，他們把死去法老的屍體放在金字塔裡，並用貴重的香料和樹膠把屍體緊緊封纏起來，這樣，由於香料的防腐和樹膠的隔絕空氣作用，屍體會乾化成「木乃伊」而保存下來。可是到了現代，科學家們經過研究，發現在這些古老的木乃伊骨骼上，也有結核病侵襲的痕跡！

可見，結核病由來已久，危害廣泛。在古代，由於缺乏科學知識，人們對它的認識並不深刻。相反，由於結核病感染時症狀發展緩慢，往往在同一家族中不只一個人得病，所以，人們曾經誤以為它是一種遺傳病，後來，也有人認為它很可能是一種傳染病。不管人們的認知如何，卻一直找不出此病的病因，因此，許多年來，一直無法給予病人有效治療。結核病也就成為危害人類健康的巨大殺手。

古往今來的科學家們面對結核病，曾經做出過無數次努力。終於，到了西元1882年，德國的細菌學家科赫有了重大突破。他採用了一種用動物膠板培養基和色素染色法進行的新技術進行實驗。在實驗中，他發現造成結核病的竟是一種細菌！他為細菌取名結核桿菌。接著，他從結核桿菌的培養液中抽取出結核菌素，並用結核菌素檢查病人，看他是否染上了結核病。

這個方法很快地得到科學界關注，很多科學家在此基礎上不斷進取，克服結核病的路程又向前邁進了一大步。

貝林本來是抗毒素血清治療法的發明和推廣者，他為此獲得了1901年的諾貝爾生理學或醫學獎。然而，不幸的是，剛滿50歲時，貝林因勞累過度，染上了肺結核病。這種病在當時還無藥可治，就如同今天的癌症一樣，被視為一種絕症。

得知身患絕症的消息，貝林的親朋好友都十分惋惜，紛紛前來安慰他。沒想到貝林不但不難過，反而說：「沒什麼，生命有限，但是科學之路沒有止境。我已經做好了準備，從今以後，我就轉向研究結核病。」

親人們聽了，都被他無畏和奉獻的精神感動，紛紛表示會全力支持他的事業。從此，貝林不顧疾病纏身，全心投入攻克結核病的難關中。他日夜實驗、思索、寫體會，非常勞累。但他一刻也不停止工作，拒絕臥床休息，經過不懈努力，終於取得了進展，發明了牛結核菌苗。這種菌苗效果良好，很快地被推廣到世界各地。

然而，貝林身體內的結核桿菌卻開始肆虐，它們瘋狂地侵蝕貝林的身體。1917年，貝林在研究結核病的道路上到了關鍵時刻，就要有所重大突破時，結核病吞噬了他的生命。全世界都為失去這位偉大的學者而感到無比的悲痛和惋惜。

之後的科學家在貝林的基礎上繼續鑽研，經過艱苦努力，終於掌握了結核病的預防方法，以及治療結核病的藥物。至此，結核病才真正被人們征服。

結核病是由結核桿菌感染引起的慢性傳染病。結核桿菌可以侵蝕全身各種器官，比如肺、骨骼等。其中，結核菌主要侵犯肺臟，所以，結核病又稱為肺結核病。它傳染性強，危害性大，一度是人類歷史上最為嚴重的疾病之一。在民間，結核病更是被人們稱為癆病、「白色瘟疫」等。

肺結核病是種古老的傳染病，自有人類以來就存在。這種疾病是透過呼吸傳染的，傳染性的大小和傳染源病人的病情嚴重性、排菌量的多少、咳嗽的頻率、病人居住房子的通風情況及接觸者的密切程度及抵抗力有關。其中最厲害的傳染方式就是咳嗽傳染，其次的傳染途徑就是隨地吐痰形成的「塵埃傳染」。

孟德爾（西元1822年～1884年），奧地利科學家，是現代遺傳學之父，是這門重要生物學科的奠基人。1865年發現遺傳定率。

魏可鎂的催化劑專利

僅僅由於本身的存在就能加快或減慢化學反應速率，而本身的組成和品質並不改變的物質就叫催化劑。

魏可鎂是中國福州大學的教授，有一年，他去日本築波城做為期一年的學術訪問。日本的築波城，不亞於美國的「矽谷」，是學術重地，人才濟濟，科技成果處於世界尖端水準。魏可鎂到來後，一開始並沒有引起日本學者的注意。但是不久後的一次試驗，使他引起人們的關注。

這是非貴重金屬合成含氧化合物的製造方法的研究實驗。魏可鎂參與實驗後，覺得研究方案不夠嚴密，他坦誠地提出不要用貴金屬，只要用鈷和鹼金屬，並分析了理由。

日本學者聽了他的建議，十分吃驚，因為這是一項還沒有被人突破的高尖端的研究課題，難道一位來自中國的普通教授有能力完成？他們經過討論，不相信魏可鎂在這個領域裡能研究得如此深入，所以沒有同意他的方案。

魏可鎂沒有辦法，只好按照原方案進行實驗，結果實驗一次又一次地失敗。面對事實，日本學者不得不重新考慮實驗的方案，最後決定由魏可鎂自行決定研究方案、催化劑製備、配方確定，以及測試和表徵。

魏可鎂按照自己的想法設計方案，製備催化劑，並進行了一次次實驗，終

於取得了成功，而且這個研究成果還取得了日本專利。

可是，在申報專利的過程中，卻產生了一段插曲。

日本學者在填報專利時，雖然把魏可鎂的名字寫上去了，卻把他列在最後面，更重要的是，他們把魏可鎂寫成是日本化學技術研究所的成員。魏可鎂知道了事情真相，對於排名前後並不計較，但對他們將自己說成是日本研究所的一員，隨即提出抗議，他找到課長請求更正這一點。課長自以為是地解釋說：「這個科研是你在我們所裡成功做出來的，是我們提供所有資源，所以只能這樣寫。」

魏可鎂一聽，立即理直氣壯地反駁：「我是中國人。你這樣寫，不是把我當成日本人了嗎？我要求一點，你們必須明確寫清楚，我是中國福州大學的魏可鎂。」

課長見他不肯讓步，只好打電話請示負責人和專利局，最後，在魏可鎂一再堅持下，他們終於同意了他的要求。

這件事後，日本學者對魏可鎂的態度明顯改變，他們對他刮目相看，而負責行政的人員更是噓寒問暖，給他送來很多生活用品。課長也經常去他那裡作客，還開車接他一起吃飯。

時間過得很快，一年轉眼過去了，魏可鎂該啟程回國了，這時，課長特地徵求他的意見，希望他能留下來繼續工作一段時間。並說：「如果你願意，我馬上去辦理延長手續。」

魏可鎂不是不知道，這裡實驗環境佳，待遇也優厚，但他不能忘記自己的

祖國，他清楚祖國需要自己，需要自己構想的各種新催化劑。所以，立即回去立項，建立新的研究課題，成為一種巨大的召喚。於是，他決定如期回國。在日本學者惋惜的目光中，他登上飛回祖國的飛機，與他們揮手告別。

故事中提到的催化劑是科學領域的新成果。在許多化學反應中，加入某種物質會使反應發生改變，比如化學反應變快，或者在較低溫度下也能進行化學反應，而這種物質本身的組成和品質並不改變。這種物質就是催化劑。在催化劑參與下的化學反應就叫催化反應。

催化劑的作用是，在化學反應物不改變的情形下，只需較少活化能的路徑就能進行化學反應。而通常在這種能量下，如果沒有催化劑的作用，分子不是無法完成化學反應，就是需要較長時間來完成化學反應。但在有催化劑的環境下，分子只需較少的能量即可完成化學反應。

催化劑在參與化學反應時有兩個特點，一是對化學反應速率的影響非常大，有的催化劑可以使化學反應速率加快到幾百萬倍以上。一是催化劑通常具有選擇性，它僅能使某一反應或某一類型的反應加速進行。

海爾（西元1868年～1938年），美國天文學家。在他組織下，美國安裝過不少的巨型望遠鏡。在葉凱士天文台安裝的1.02米折射望遠鏡，到現在仍然是世界上最大的折射望遠鏡。

尿素發現者與女神的故事

尿素，亦稱脲。相當於碳酸的二醯氨。尿素是哺乳類動物排出體內含氮代謝物的形式。

提起尿素，自然會想起一位科學家——維勒。正是他，用無機物合成了有機物尿素，對當時佔統治地位的「生命力論」發起了第一次突擊，動搖了「生命力論」的根基。維勒和他合成的尿素也受到科學界普遍的關注，進而永垂千史。

1800年，維勒出生於德國一個醫生家庭，他的父親是著名的醫生。從小，維勒就在父親的嚴格教導下認真讀書，而他最喜愛的學科便是化學。他的房間裡，收藏了不少的礦石和實驗儀器，他就在每天的實驗中漸漸地長大了。

後來，維勒獲得了海德堡大學的醫學博士學位，此時他已經開始研究動物有機體尿液中排泄出來的各種物質了。之後他被推薦到著名化學家貝采里烏斯門下學習，掌握了分析和製作各種元素的不少新方法。1824年他回到家鄉，在試驗時用氰酸與氨水進行複分解反應，結果形成了草酸及一種肯定不是氰酸銨的白色結晶物，這種白色結晶物就是尿素。

然而，當時只能自行進行試驗的維勒因為缺乏相關的實驗儀器，所以無法瞭解到這種物品是什麼。直到1828年，依靠著柏林工藝學院的設備，他才確定了自己四年前發現過的白色晶狀物質正是尿素。同年，他在《物理學和化學年鑒》第12卷上發表了題為「論尿素的人工製成」的論文，引起了轟動。這是人類第一次用無機物合成了有機物，具有劃時代的意義。

維勒的成功與他老師貝采里烏斯的栽培息息相關，有一年，維勒打算研究

褐鉛礦，可是因病被迫中止了。他的同學臾夫司昌在此領域繼續探索，發現了「釩」，因此一舉成名。維勒很不服氣，他寫信向老師訴說此事，並說他在臾夫司昌之前將釩樣品寄給了老師。

接到信後，貝采里烏斯略為斟酌，回了封信給維勒，信中說：「親愛的維勒，今天我寄給你一份樣品，這是新發現的釩元素。順便，告訴你一個故事：

從前，在北方住了一位女神，她很美又非常勤勞，名叫凡娜迪斯（Vanads）。一天，有個年輕人向她求愛，他敲著女神的門，希望女神能讓他進去。可是凡娜迪斯並未起來開門，因為她想試試年輕人有無耐心，過了一會兒，敲門聲停了，女神起身來到窗戶觀望，看到的只是匆匆離去的年輕人的背影。女神驚奇地發現，這個年輕人就是維勒。她微笑著搖著頭說：『啊，是淘氣鬼維勒呀！好呀，讓他白跑一趟也應該，誰叫他缺乏耐心呢？』

又過了幾天，又有一位年輕人來敲門了。女神還是一樣不幫他開門。可是這個年輕人不但敲得很堅決，還乾脆有力，有股不達目的不甘休的韌勁。他一直地敲，一直地敲，直到女神被他感動，站起來為他開門，熱情地邀他進屋。年輕人長得真帥，很有禮貌，和凡娜迪斯一見鍾情。相識不久，兩人就結婚了，生下一個活潑的小男孩，取名叫元素釩。您知道年輕人是誰嗎？他就是你的同學臾夫司昌。

親愛的維勒，順便告訴你，上次寄來的樣品，不是釩，實際上是氧化釩。」

在信的最後，貝采里烏斯還寫道：「你合成尿素，比發現10種新元素還要高超許多。」

維勒接到老師的信，想起自己從中學時就迷戀尿素合成，並得到老師長期

指導，經過不懈努力終於取得成功的事情，立即明白了，他不再沉溺於抱怨和沮喪之中，而是以更大的精力投入科學研究中。

尿素，亦稱脲。相當於碳酸的二醯氨。尿素是哺乳類動物排出體內含氮代謝物的形式。它在肝合成，其過程被稱為尿素循環。尿素在正常人體的蛋白質分解最終產物中佔有相當大的比例。在普通膳食的情況下，每日尿中可排出25～30克，接近尿中總氮量的87%。

經過人工合成的尿素，是很重要的肥料，外觀為白色晶體或粉末，通常用作植物的氮肥。另外，尿素還有調節花量、疏花疏果、水稻製種、防治蟲害、尿素鐵肥等作用。除了農業用尿素外，還有醫藥尿素，用來做為腦水腫、青光眼等的治療。

羅伯特·科赫（西元1843年～1910年），德國微生物學家，發明了使用固體培養基的「細菌純培養法」，科學地證明了結核桿菌是結核病的病原菌。1905年獲得了諾貝爾醫學和生理學獎。

不怕中毒，
電解法析出單質氟

電解法是建立在電解基礎上透過稱量沉積於電極表面的沉積物重量以測定溶液中被測離子含量的電化學分析法。又稱電重量分析法。

化學家莫瓦桑18歲時，在巴黎一家藥店做學徒。有一天，藥店外吃力地走來一個中年男子，他手按腹部，急促而虛弱地喊著：「救救我！救救我吧！」藥店內的人立刻將目光全部集中在他的身上，只見他大口地喘著氣，冷汗順著臉頰流下來，額頭青筋暴起，難忍的痛苦使他眼斜鼻歪，神情十分嚇人。他搖搖晃晃地邁動著腳步，便無力地倒在地板上。

藥房的人全都放下手中的工作，圍攏過來查看。店內最有經驗的老藥劑師蹲下身，輕聲地問道：「你哪裡不舒服？」

地下的男子有氣無力地睜著眼睛，斷斷續續地說：「唉呀！肚子……肚子痛，痛死我了，我……我誤食了砒霜，我中毒了。求您……求您救救我吧！」

老藥劑師仔細端詳中毒者的面容和表情，詢問他誤食砒霜的時間，觀看他抽搐的動作，隨後摘下眼鏡，望著藍天，用手在胸前畫了個十字，嘆道：「天啊！晚了，晚了。早一點來，或許……可是，現在已經太晚了，誰也無能為力了。」說著，他擦擦頭上滲出的汗珠，臉色變得蒼白，目光呆滯地站在一旁。

圍在中毒者身邊的人手足無措地站立著，無不流露出惋惜神色。這時，莫瓦桑從外面回來，看到眼前情景擠進來，說道：「讓我來看一看，也許還有

救。」他的話無疑是晴空霹靂，使得所有人大吃一驚。人們知道他才到藥房不久，是名小學徒，能有什麼本事，竟敢說這種大話？可是，莫瓦桑非常沉著，在眾目睽睽之下轉身走進藥房，站在藥櫥前，先取下了一瓶吐酒石，這是能夠引起嘔吐的藥品。然後他又取下幾瓶藥，量好了藥量，配製成解藥，親自把藥餵到中毒者的口中。

看著他有條不紊的行動，大家的心裡越來越有數了，果然，中毒者服藥後，症狀逐漸減輕，一個眼看就要死亡的人得救了！這件事很快地傳遍整個巴黎，年輕的莫瓦桑因此名聲大振。

後來，莫瓦桑靠著自己的自學，考上了法國著名化學家弗羅密的實習生，開始了他的化學研究。有一次，他的同學阿方曼拿著一瓶藥品對他說：「這就是氟化鉀，世界上還沒有一個人能製造出單質氟來！」「真的沒有一個人能製造出來嗎？難道連老師也不能？」莫瓦桑很好奇。「不能。你知道嗎，氟是有毒的，人們都叫它死亡元素。大化學家大衛、愛爾蘭科學院的諾克斯兄弟，還有比利時的魯那特、法國的危克雷都因此中了毒，就算沒死也去了半條命。氟實在是太可怕了。」

可是，阿方曼不知道的是，他的這番話讓莫瓦桑暗暗地下定決心，一定要製造出單質氟來。從此，他開始了製造單質氟的實驗。他在總結前人經驗和教訓的基礎上，研究了幾乎有關氟及化合物的著作，並且採取了多種方法製造單質氟氣，但都沒有成功。在這些試驗過程中，莫瓦桑曾經3次中毒，但他毫不氣餒，意志堅定地繼續試驗。終於，他用電解法從加入氟化鉀的氟化氫液體中得到了單質氟。這項成就轟動了整個化學界。

之後，他又先後發明了莫氏爐和人造金剛石。這一系列的成就，使他獲得

了1906年的諾貝爾化學獎。令人惋惜的是，因為長期接觸有毒物品，莫瓦桑的健康已經受到了嚴重的損害。在獲得諾貝爾獎的第二年，這位年僅55歲的化學家就逝世了。

故事中，莫瓦桑採用電解法取得了單質氟，那麼，什麼是電解法？它在科學領域還有哪些用途呢？電解法，又稱電重量分析法，是在電解基礎上，透過稱量沉積於電極表面的沉積物的重量，以測定溶液中被測離子含量的電化學分析法。

電解是電解法的基礎，在電解池中進行。電解池分陰陽兩極，分別連接電源的負極和正極。

這樣，電源通電後，在電解池的陽極上就發生氧化反應，在陰極上發生還原反應。當兩極的電壓增大，使得電解過程持續穩定進行時，電解池內的金屬離子就以一定組成的金屬狀態在陰極釋出，或以一定組成的氧化物形態在陽極釋出。在實際操作中，電解過程有很多種，如：電流電解分析法、控制陰極電位電解分析法、內電解分析法和汞陰極電解分析法。

開爾文（西元1824年～1907年），19世紀英國卓越的物理學家、發明家、電學家，他被視為英帝國的第一位物理學家，熱力學的主要奠基人之一。

王應睞與胰島素合成

人工合成胰島素分為三步：第一步，先把天然胰島素拆成兩條鏈，再把它們重新合成為胰島素，第二步，在合成了胰島素的兩條鏈後，用人工合成的 B 鏈和天然的 A 鏈相連接。第三步，把經過考驗的半合成的 A 鏈與 B 鏈結合。

在諾貝爾生物獎的評審歷史上，曾經有過一個比較特殊的例子。

1965年，中國首次合成牛胰島素，這是世界上的偉大創舉，引起巨大轟動。按照科技成果，合成牛胰島素的科研人員肯定會得到當年的諾貝爾生物獎。為此，瑞典皇家科學院諾貝爾獎評審委員會化學組主席蒂塞劉斯特地來到中國，審核此事。可是，讓他大感為難的是，參與人工合成牛胰島素的人員，僅主要幹部就有20多位，不符合該獎授獎對象最多為3人的規則。

為了能夠申報成功，中方展開了多次討論研究，商討申報的科研人員名單。在會議上，大多數人都提出：「首先應該報上王應睞所長的名字，因為他是人工合成胰島素的組織者。」

確實，王應睞是中國生化領域重要的學術先驅，他從海外「挖」來了一批批優秀人才。和王應睞合稱「劍橋三劍客」的曹天欽和鄒承魯就是在他的感召下來到生化所的。他們為這裡帶來了劍橋的優良作風和研究傳統。

在學術研究上，王應睞極力提倡思想自由和直言不諱的批評，研究員許根俊曾說：「王先生對人的愛護是真正的愛護，他關心你、支持你，也批評你。對於任何人他都勇於批評，即使身分已經很崇高的人。許多受過他批評的人，都感激他的真誠幫助，從來沒有人因為受過他的批評而記恨他。」

271

後來，王應睞接受組織安排，擔任胰島素合成工作的負責人。這是一個牽涉許多單位、許多人員的研究工作，是一個大工程，身為負責人，信心和正確的判斷以及決心都是決定成功與否的關鍵，而知人善任，組織合適的人才來做合適的工作，更是需要具備淵博的學識和豐富領導才能的人才能做到。

所以，王應睞能夠成功領導科研人員合成胰島素，說明他在這件事上功不可沒，這也是大家一致推舉他的原因。

但是，王應睞聽完大家的意見，平靜地說：「我是組織者，沒有資格得到諾貝爾獎，還是把機會讓給大家吧！」原來，諾貝爾獎規定該獎不授予組織者。

受他影響，很多人都主動退出了申報名單。但是，中方最終申報的科研人員仍有4名，這與諾貝爾獎的規定不符，因此，蒂塞劉斯無法同意中方的意見。

結果，這年的諾貝爾獎最終與中國無緣。

後來，王應睞在胰島素合成和他以後領銜的轉移核糖核酸合成兩項工作的任何一篇論文上都沒有署名，儘管如此，他的成就依然被人們牢記，鄒承魯說：「中國的生物化學能有今天的水準和規模，王先生功居首位。」著名的英國學者李約瑟，更是將王應睞稱為中國生物化學的奠基人之一。

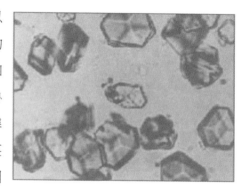

胰島素是一種蛋白質類激素。人體內胰島素是由胰島 β 細胞分泌的。在人

體十二指腸旁邊，有一條長形的器官，那就是胰腺。

在胰腺中散佈著許許多多的細胞群，叫做胰島。胰腺中胰島總數約有100～200萬個。胰島 β 細胞受內源性或外源性物質如葡萄糖、乳糖、核糖、精氨酸、胰高血糖素等的刺激，就會分泌一種蛋白質激素，也就是胰島素。

胰島素是機體內唯一降低血糖的激素，也是唯一同時促進糖原、脂肪、蛋白質合成的激素，能夠促進合成代謝，作用重大。一旦胰島素分泌不暢，含量降低，機體代謝受影響，就會造成糖尿病，給機體帶來極大威脅。因此，臨床上必須使用合成胰島素治療糖尿病病人。

許多年來，科學家們不斷探索，希望尋找到合成胰島素，解決醫學難題。1965年9月17日，世界上首次人工合成牛胰島素取得成功。經過鑑定，它的結構、生物活力、物理化學性質、結晶形狀都和天然的牛胰島素完全一樣。

這是世界上第一次成功的人工合成蛋白質，對於糖尿病的治療有著極其重大的意義。

道爾頓（西元1766年～1844年），英國化學家。原子學說創始人，提出原子論。發現混合氣體中，各氣體的分壓定律。著有《化學哲學的新體系》。

酒精燈上的食品檢疫

食品衛生就是對食品生產加工過程中，可能存在或產生的有害因素加以消除或控制，以確保食品對人體安全衛生，進而有益於人體健康所採取的一種積極干預措施。

羅伯特・威廉・伍德是美國著名的物理學家，有一段時間他在一家巴黎餐館包飯，每天都到那裡用餐。

幾天過後，伍德發現這家餐館的飯菜品質有問題，為了驗證自己的猜測，他決心做個小試驗。這天，他要了一盤烤雞，吃飽之後，盤子裡剩下幾塊雞骨頭，他從上衣口袋裡掏出早就準備好的一小包粉末，撒在盤中骨頭上。他的舉動引起周圍客人的注意，人們無不流露出疑惑的神情。可是，大家不知道是怎麼回事，也沒人向他發問。

第二天，伍德按時來到餐館，老闆吩咐給他上第一道菜。伍德一看，這是一盤雞湯，不由得地暗暗一笑。他坐下來後，不慌不忙地掏出一盞小型酒精燈放在桌上，並且點燃燈芯。然後，他用調羹沾了幾滴菜湯，輕輕滴在火焰上。頓時，酒精燈上的火焰變成了紅色。

周圍的人奇怪地看著這一切，不知道伍德到底在做什麼。這時，卻聽伍德喊道：「果然不出我所料！」有位客人忍不住問道：「先生，出了什麼問題？」

伍德指著酒精燈上紅色的火焰說：「昨天我把氯化鋰撒在吃剩下的雞骨頭上。今天，酒精燈發出紅色火焰，說明湯裡面有氯化鋰，證明今天的湯是用昨天吃剩的雞骨頭做的……」

客人們一聽，無不憤怒地轉向餐館老闆。再看老闆，滿面羞愧之色，正不知道如何是好呢！

這則有趣的故事講述了食品衛生和檢疫的問題。隨著人類生活水準提高，食品衛生已經越來越受到關注，關於食品衛生的檢測方法也越來越豐富。

食品衛生就是對於食品在生產、加工、運輸、銷售、供給等食品生產加工過程中，可能存在或產生的生物性、化學性、放射性等有害因素加以消除或控制，以確保食品對人體安全衛生、無毒無害，進而有益於人體健康所採取的一種積極干預措施。簡單地說，食品衛生就是確保食品對人體安全無害、營養、衛生，並使食品有益於機體對營養健康的正常需求。

為了確保食品安全和衛生，必須進行有效的檢測方法，這些方法大多是化學試驗，可以檢測產品中的不明物質及其重要組織成分，以指導工藝控制並將食品的生產導入全新的領域；還可以檢測有無污染以及污染程度，保護消費者。另外，檢測還有助於改進食品風味，利於消費。

約翰‧芬恩（西元1917年出生），美國化學家。因為「發明了對生物大分子進行確認和結構分析的方法」和「發明了對生物大分子的質譜分析法」而獲得了2002年諾貝爾的化學獎。

遺書裡的健康教育

健康教育就是透過有計畫、有組織、有系統的社會教育活動，使人們自覺地採納有益於健康的行為和生活方式，消除或減輕影響健康的危險因素。

赫爾曼‧約爾哈夫是荷蘭著名的物理學家和化學家，他一生著書頗豐，成就卓著，在物理和化學領域影響深遠。

1723年，他離開了人世，人們在整理他的遺物時，發現他的案頭上有一本加上封面的書。這本書看起來非常精緻，封面上留著約爾哈夫的筆跡：「唯一深奧的秘訣在於醫術。」看來，這是一本關於醫術的書，那麼大科學家臨終之際會留給後人什麼樣偉大的醫學著作呢？

很快地，這本書原封不動地出現在拍賣市場上。這天，前來參加拍賣的人非常多，事前大家對此書早有風聞，爭相一睹這本奇書的內容，所以都湧到拍賣會場，一圖湊熱鬧，二來爭買此書。

這次拍賣會有約爾哈夫的不少著作等待拍賣，然而，拍賣會一開始，人們就發現，拍賣會場成了這本書的專門拍賣會，其他書籍被冷落一旁，乏人問津。大家都將目光集中到此書上，拍賣員更是一而再再而三地抬高書價，拍賣現場異常火爆熱鬧。人們爭先恐後，紛紛舉起拍價，希望能夠購買到此書。

隨著叫喊聲此起彼落，最後，此書以2萬元金幣的價格被一個富商買走。

當富商喜洋洋地捧著書本，趕回家中，迫不及待地打開書封後，大吃一驚。原來書中全是白紙！他不甘心地再次將書翻了一遍，結果依舊如此，這本

共有100頁的書，前面99頁全是空白紙。他小心地翻到最後一頁，上面留著約爾哈夫的手跡：「注意保持頭冷腳暖。這樣，最知名的大夫也會變成窮光蛋。」富商欲哭無淚，嘆道：「2萬金幣就買了這幾個字！」

說起來，約爾哈夫確實與人們開了個玩笑，但是，他留給人們的最後建議非常寶貴，這是人們日常保健的重要課題。要知道，各類疾病的發生都與人們的健康意識、防病知識有著不可分割的關係，如果懂得保健，做好了預防準備，自然就會減少發病。這就是目前正在逐漸受人關注的健康教育。

關於健康教育，世界衛生組織是這樣定義的：「健康教育是誘導、鼓勵人們養成並保持有利於健康的生活；合理並明智地利用已有的保健服務設施；自動自發地從事改進個人和集體衛生狀況和環境的活動。」

健康教育涉及領域廣泛，其中涉及的學科有生理學、流行病學、心理學、社會學、管理學、行為學、教育學、傳播學、公共關係學等。同時，健康教育的方法也很多，常見的有健康諮詢、專題講座、衛生傳單、衛生宣傳計畫、標本、模型、示範等。

隨著科學的不斷發展和社會的高度進步，人們已經越來越瞭解到健康保健的重要，瞭解到疾病的發生是多因素綜合作用的結果，因此，人們開始積極尋求健康的途徑，預防疾病發生，在這些過程中，人們瞭解到教育是一種有效的辦法。因此，健康教育已經越來越受重視。

德剖爾格（西元1593年～1662年），法國數學家。主要貢獻是創立射影幾何。1636年出版《論透視截線》，提出兩個三角形透視的定理。

李政道給毛澤東演示對稱

若一個系統透過一種變換，其前後狀態相同或者等價，則稱該系統對此變化具有對稱性。這裡系統可以是某一具體的物體、物理量或物理定律。因而對稱性就是某一物體、物理量或物理定律在某種變換下的不變性。

1974年5月30日，中國物理學家李政道到北京不久，就接到毛澤東的一通電話，邀請他前去中南海面談。李政道急忙收拾一下，匆匆趕往中南海毛澤東的書房。兩人見面後，握手問好，坐下交談。

讓李政道大感驚訝的是，毛澤東主席坐下後開門見山地說：「對稱為什麼重要？對稱就是平衡，平衡就是靜止。靜止不重要，動才是重要的。」

原來，李政道在物理學方面的重要成就是關於弱相互作用中宇稱不守恆定律以及其一些對稱性不守恆的發現，這是極為重要的劃時代貢獻，為此，李政道教授和楊振寧教授共同榮獲1957年諾貝爾物理學獎。然而，毛澤東身為政治家，對於李政道的理論研究並不很瞭解，他認為對稱指的不過是「均衡比例」，或「由這種均衡比例產生的形狀美」，是靜止不變的問題。

而在他看來，人類社會的整個進化過程是基於「動力學」變化的。動力學，而不是靜力學，是唯一重要的因素。所以，他以為在自然科學界也一定遵循這個原則，因此，他直接了當地表明自己的觀點，認為李政道的理論也是這個意思。今天，他邀請李政道來就是要與他進行切磋、交流的。

面對國家最高領導人的片面理解，李政道表現出一位真正科學家的勇氣和智慧。他從容不迫地拿起身邊桌上的一張紙和一支筆，將筆放在紙上，先讓紙

向毛澤東傾斜，然後又將紙向自己傾斜，這樣，筆就在紙上滾來滾去。來回滾動了三次後，李政道停下來，看著毛澤東主席坦然地說：「主席，我剛才運動的過程是對稱的，可是沒有任何一個時刻是靜止的。」

毛澤東好奇地看著李政道表演，聽他這麼說，不由得感到吃驚，更加驚奇地聽著李政道解釋道：「對稱不是簡單的平衡，運動中也可能是對稱。」然後，他較為細緻地解釋了這種現象，指出對稱這個概念絕不是靜止的，它要比其一般的含意普遍得多，而且適用於一切自然現象，從宇宙的產生到每個微觀的亞核反應過程。

毛澤東認真地聽著，目光中流露出欽佩的神色，他對李政道提出的對稱越來越感興趣，感嘆地說：「我一生經歷的都是動盪，所以認為動是重要的。看來我的認知太落伍了。」

這席話說得在場的人都微微笑了。接著，毛澤東和李政道愉快地繼續交談。毛澤東不無感慨地談起自己年輕時學習科學的事，說：「當時念科學的時間不多，有關科學的觀念大都是從一套湯普森寫的《科學大綱》中得來的。」

他們交談了大約一個小時，李政道才起身告辭。

後來，李政道奔赴美國，在飛機上，一位服務員給他一包東西，說是毛澤東送給他的。李政道非常驚訝，他打開一看，竟是一包書！這是毛澤東提到的那套《科學大綱》，共有四本，是英文原版。看著這套書，李政道想起與毛澤東會面交談的一個小時，心情異常激動。

對稱通常指圖形和形態被點、線或平面區分為相等的部分而言。這些對稱性被看做自然界的一項美學原則，廣泛應用於建築、造型藝術和工藝美術中。

在物理學中，對稱性是常見和重要的概念，用於研究物理規律的特徵，通常與變換相關。對稱性的定義就是某一情形在某個變換下保持不變的性質。某一情形涵蓋廣泛，包括某一具體的物體、物理量或物理定律。

在經典物理學中，研究和應用最為深入廣泛的是物理定律的對稱性，它是指物理定律經某種變換以後形式不變。

它包括以下幾方面內容，一、空間和時間平移對稱性和時間平移對稱性，指在任何地方，任何時間，運動的物理都遵從相同的物理定律；二、空間旋轉對稱性，是指無論朝哪個方位，物體的運動都遵從相同的物理定律；三、鏡像對稱性，指物體與其鏡像的運動都遵從相同的定律；四、在時間反演下，具有時間反演對稱性；五、經典力學在伽利略變換下不變，有對稱性；六、電磁場麥克斯韋方程組則具有洛侖茲變換的對稱性。

布魯諾（西元1548年～1600年），義大利哲學家和思想家。宣傳哥白尼的日心說，並明確指出：「宇宙是無限大的」，「宇宙不僅是無限的，而且是物質的」。最後被宗教裁判所判為「異端」燒死在羅馬鮮花廣場。

科學之光的認識論

科學認識論，就是要研究認識活動的詳細過程和機理。因此，科學認識論首先要找到並確定認識活動通常所採用的形式，即找到和確定認識活動所採取的基本形式，這是科學認識論最基本的事情。

在科學史上，培根是一位獨一無二的人物，因為他既是成就傑出的科學家，又是唯物主義哲學家，被尊稱為哲學史和科學史上劃時代的人物。馬克思曾經稱他是「英國唯物主義和整個現代實驗科學的真正始祖」。

1561年的倫敦，培根出生於一個官宦世家。他的父親是伊莉莎白女王的掌璽大臣，地位顯赫，母親是一位頗有名氣的才女，能夠純熟地使用希臘文和拉丁文。出生在如此家庭環境裡的培根，從小接受了良好的教育，各方面都表現出異於常人的才智，年僅12歲時，就被送入劍橋大學三一學院深造。

培根善於觀察和思索，在校期間成績顯著，然而就在此時，他的思想上發生了一些變化，對傳統的觀念和信仰產生了懷疑，喜歡獨自思考社會和人生的真諦。3年後，15歲的培根得到英國駐法大使埃米阿斯·鮑萊爵士的青睞，將他帶到了法國。

之後，培根在巴黎旅居了兩年半，幾乎走遍了整個法國，接觸到不少新鮮事物，汲取了許多新的思想，這對他的世界觀的形成產生了很大的作用。

1579年，培根的家庭出現變故，他的父親突然病逝，因此，他的生活陷入貧困中。培根在回國奔喪之後，就住進了葛萊法學院，一面攻讀法律，一面四處謀求職位，尋求經濟來源。21歲時培根取得了律師資格，並於兩年後當選為

國會議員，成為法院出缺後的書記。十分不巧的是，這一職位竟長達20年之久沒有出現空缺。因此，培根只好四處奔波，卻始終沒有得到任何職位。

生活的變故和事業的打擊，使得培根在思想上更為成熟，他在艱難的思索之中，開始轉移奮鬥目標，決心要把那些脫離實際、脫離自然的一切知識加以改革，把經驗觀察、事實依據、實踐效果引入認識論。在這一偉大抱負的實踐過程中，他提出了科學的「偉大復興」計畫，並準備為之奮鬥一生。

後來，培根受到英國新國王詹姆士一世的讚賞，在政治上開始嶄露頭角。然而，培根雖是優秀的科學家和哲學家，卻不是出色的官員。1621年，培根因為收受賄賂被嚴厲處罰，因此被迫退出政壇。然而，政途上的不幸也許正是科學家與哲學家的大幸。從此，培根不理政事，開始專心從事理論著述，在科學和哲學領域取得卓越成就，迎來了他一生中最為人所稱道的歲月。

當培根65歲時，依然潛心研究冷熱理論及其應用問題。有一次，他坐車經過倫敦北郊，恰巧路過一片雪地，這時，他突然想做一次關於冷熱理論的實驗。於是，培根親手宰了一隻雞，把雪填進雞的肚子裡，打算觀察冷凍在防腐上的作用。然而，由於年齡較大，身體屢弱，他承受不了風寒的侵襲，支氣管炎復發，病情惡化，結果，一個月後便病逝了。

培根雖已去世，他的成就和貢獻卻深深銘記在人們心裡，為了懷念他，人們為他修建了一座紀念碑，亨利·沃登爵士為他題寫了墓誌銘：

聖奧爾本斯子爵

如用更顯赫的頭銜應稱之為「科學之光」、「法律之舌」

認識論是探討人類認識的本質、結構，認識與客觀實在的關係，認識的前提和基礎，認識發生、發展的過程及其規律，認識的真理標準等問題的學說，又稱知識論。

認識活動的形式很多，包括意識、思維、心理、直覺、經驗等。其中最基本形式就是思維，因此，要瞭解認識活動本身，就要瞭解思維。透過思維，人們可以看到認識的實質和它的所有性質。

思維是人腦對客觀現實概括的和間接的反映，它反映的是事物的本質和事物間規律性的關聯。在認識過程中，思維實現著從現象到本質、從感性到理性的轉化，使人達到對客觀事物的理性認識，進而構成了人類認識的高級階段。由此可見，認識是探索現象和事物本質的活動，是科學活動中重要的方法。

李比希（西元1803年～1873年），德國著名化學家。首次發現不同化合物具有同樣的分子式，從此誕生了「同分異構體」這個名詞。開創性地建立了學生普通實驗室。

總統的占星術與偽科學

沒有科學根據的非科學理論或方法宣稱為科學或者比科學還要科學的某種主張稱為偽科學。

　　在雷根的總統任期內，他們的很多行動都是透過女占星術士嘉瓦娜‧卡維莉決定的，而不是根據國家需要安排總統的工作日程。這件事給一個人帶來極大麻煩，他就是白宮辦公室主任唐納德‧里甘。每天，里甘上班後，第一眼見到的就是辦公桌上的星命日曆。

　　這個日曆是嘉瓦娜‧卡維莉每天為雷根仔細推算的，並且標上不同的顏色以示凶吉。要是日曆上畫著綠色線條，說明雷根的本命星星座明亮，意味著是吉月、吉週、吉日，這時出國訪問、外出講演、做重要決策，都能一帆風順，獲得成功。要是日曆上畫著紅色線條，說明雷根的本命星星座昏暗，意味著是凶月、凶週、凶日，這時雷根就不宜出頭露面，否則將會發生車禍、遇刺等事件，如果頒佈重要決定也將事與願違，總之諸事不宜。要是日曆上畫著黃色線條，說明雷根的本命星星座不明不暗，意味著是無凶無吉月、週、日，這時雷根可以正常活動，不必擔心出車禍、墜機以及遇刺，但也不會辦成什麼大事。

　　里甘必須按照日曆所示安排總統的活動，為此，他有時候不得不臨時取消很多早就安排好的行動，有時候又突然增加一些行動。總之，弄得整個白宮一片混亂，導致政府官員不斷指責他胡亂安排。但是里甘又不能洩露內幕，不能告訴任何人真正的指揮是幕後的女占星術士嘉瓦娜‧卡維莉。

　　這樣，時間一久，唐納德‧里甘終於無法忍受了，他在1987年向雷根總統正式辭職，並坦率地說：「我認為，在這種環境下工作是痛苦的、是難堪的。

所有的人都認為錯誤出在我身上，而我是無辜的。錯誤來自占星術！」

占星術對雷根到底有什麼幫助，沒有人能夠說明，不過總統夫人南茜倒是確定，是占星術救了雷根的命。在雷根上任69天的那次遇刺事件中，南茜按照占星術的指示堅持把他送到一家私人醫院，而不是指定的貝塞斯達海軍醫院，還請了很多印第安巫師到白宮作法，這才使得雷根逃脫厄運，撿回了一條命。

占星術是一種典型的偽科學活動。那麼，為什麼在科技高速發展的今天，仍存在偽科學，它的特點和危害又在哪裡呢？

偽科學指的是把沒有科學根據的非科學理論或方法宣稱為科學或者比科學還要科學的某種主張。偽科學並非一時的科學錯誤，而是一種社會歷史現象，它在特定的時間和地點冒充科學，把已經被科學界證明不屬於科學的東西當作科學對待，並且長期不能或者拒絕提供嚴格的證據。

實際上，偽科學與科學總是相伴而行的，完整的科學史顯示，許多對科學做出了重大貢獻的傑出科學家同時也有意或者無意參與了大量的偽科學活動，如化學家黑爾、生物學家華萊士、化學家和物理學家克魯克斯、物理學家和天文學家策爾納、法國生理學家里歇等。這些事實說明一個問題，傑出科學家的各種研究並非都能成為科學知識體系的一部分，科學權威不能成為科學與偽科學劃界的標準。

里歇（西元1850年～1935年），法國生理學家。證明給動物注射細菌後其體內可產生抗體，還證實將一個免疫動物的血清輸到另一個動物體內，可使牠也產生免疫性。獲得1913年諾貝爾生理學或醫學獎。

不近人情的科學精神

科學精神做為人類文明的崇高精神，它表達的是一種勇於堅持科學思想的勇氣和不斷探求真理的意識。

居禮夫婦是科學界的偉人，他們的成就使得他們名揚世界，備受人們矚目。他們勇於探索和奮鬥，不肯浪費時間，將全部精力投入科研之中的精神尤其值得我們學習。

為了專心從事科研，居禮夫婦謝絕一切的應酬，常常十幾天關在屋裡做試驗，而不踏出家門一步。有時候工作特別忙碌，顧不得做飯、吃飯，他們就在實驗室裡準備一些胡蘿蔔，餓了就啃幾口充飢。即使如此，他們也怕浪費時間。有一次，他們收到父親的來信，問他們需要添置什麼家具。

居禮先生環顧一下室內，說道：「家裡只有兩張椅子，客人來了也沒有地方坐，我看就讓父親為我們再添置一張椅子吧！」

他們雖然是著名的科學家，但是一直很節儉，過得並不富裕，而且，因為一心從事科研，他們沒有精力裝飾家庭，家具擺設很簡陋，好幾年都沒有變化。聽了丈夫的話，居禮夫人微微皺起眉頭，說道：「可是客人要是坐下來，就忙著說話，不想走啦。」

居禮先生一聽，想起客人來訪，耽誤不少科研時間的事，贊同地說：「對啊，為了節約時間，還是不能讓他們坐下來。」居禮夫人說：「這樣看來，就不能添置椅子。」

夫婦倆經過商量，決定一張椅子也不添購，不能讓客人佔用他們的時間。

　　就這樣，居禮夫婦全心投入科研中，一個客人也不交往，他們這種不與人交往的作風，看起來似乎不近人情，實際上，正是這種科學精神，成就了他們了不起的科學成就。試想一下，如果他們整日交朋結友，忙於交際，哪有時間做試驗、研究？人們對於放射性元素的認識還不知道要推遲多少年。

　　從事科學工作，離不開科學精神，兩者關係十分密切。科學活動是一個複雜的系統，包括科學研究的具體方法、科學認識的物質手段、科學成果等諸環節或方面，自然也包括科學精神在內。

　　科學精神不是一種具體的科學知識，而是獲取科學知識的主觀條件，以及凝結在科學知識中的思想。它也不是科學研究的具體方法，而是屬於更高層次的方法論原則或探求真理的精神境界。它是科學活動主體內在的精神要素，又受制於科學認識活動的規律。簡單地說，科學精神由科學活動本身決定，反過來，科學精神又影響科學活動。

　　科學精神是體現在科學知識中的思想或理念，是人類文明的崇高精神，它表達的是一種勇於堅持科學思想的理念和不斷探求真理的意識。

哈威（西元1578年～1657年），英國醫生、生理學家、胚胎學家，發現人的血液循環，象徵新的生命科學的開始。

嚐尿考驗弟子的觀察力

觀察力是指物質上或思想上的觀察能力，一個人的觀察力是他運用自己所有的感覺，運用所有的知覺，去收集觀察對象的資訊。觀察能力的強弱決定一個人智力發展的水準。

約翰・舍萊恩是德國著名內科醫生，他不但醫術高超，還是位傑出的教師，培養了很多優秀的醫學生。在教學工作中，他採用啟發式教學方法，效果十分顯著。有一天，約翰・舍萊恩給學生們上實習課。鈴聲響過之後，約翰・舍萊恩走進教室，手裡拿著一個小杯子，裡面裝著尿液。

學生們看著老師和杯子，猜測著這節實習課不知會上什麼。

再看約翰・舍萊恩，他放下杯子，先對學生們說：「開始上課之前，我先說一說身為醫生應該具備的素質。一，不能有潔癖。因為我們要接觸病人，如果怕髒，那麼我們就無法為病人治病；二，要有敏銳的觀察力。病人的情況十分複雜、微妙，如果不仔細觀察，將無法正確地為病人診治。在臨床中，有些老醫生為了診斷糖尿病，往往親口嚐一嚐病人尿液的味道。」

學生們聽了此話，流露出複雜的表情。舍萊恩看著學生們，並沒有繼續說話，而是毫不猶豫地把一根手指伸進尿杯，沾了尿液後，拿出來伸到嘴裡舔了舔。學生們被老師的舉動震驚了，一個個專心地盯著老師。這時，舍萊恩問：「誰來試一試？」

一名學生猶豫了半天，接著猛然站了起來，他走上前去，模仿老師的樣子嚐了嚐尿液的味道。舍萊恩看著這名學生，搖搖頭說：「你的確不怕髒，這很

好。不過，你的觀察力太差了。你沒注意到，剛才我把中指伸進了尿杯，而舔的卻是無名指。」

觀察力是指物質上或思想上的觀察能力，一個人的觀察力是運用自己所有的感覺，運用所有的知覺，去收集觀察對象的資訊。觀察的對象通常包括人、物和事三大類，觀察的範疇分為時間與地點、結構與功能，靜態與動態等。

觀察是有目的、有計畫、比較持久的知覺。這是人對客觀事物感性認知的一種主動表現，是有意知覺的高級形式。觀察是人們認識世界、增長知識的主要方法。它在人的一切實踐活動中，具有重大的作用。人們透過觀察，獲得大量的感性資料，獲得對事物具體而鮮明的印象，是科學活動的重要方法之一。

觀察力是在感知過程中形成的，並以感知為基礎，脫離感知過程，也就沒有觀察力。如果一個人沒有任何感知能力，或有感知能力而未感知任何外部事物，他都不會有觀察力。觀察能力的強弱決定著一個人智力發展的水準，因為觀察力是智力活動的基礎。

大衛・麥克利蘭（西元1917年～1998年），美國社會心理學家，他發展了期望學說，並提出了著名的三種需要理論，即權力需要（The need for authority and power）、成就需要（Need for achievement）和親和需要（Need for affiliation）。

王選新技術革命的10個夢想

現代生產迅速發展的需要，以及人類現代文明發展的多方面需要，是現代新技術產生和發展的根本動力。

王選是中國著名科學家，長期致力於文字、圖形和圖像的電腦處理研究，他應用自己的發明成果開發了漢字雷射排版系統並形成產業，取代了沿用上百年的鉛字印刷，推動了中國報業和出版業的跨越式發展，創造了巨大的經濟和社會效益。

面對巨大的榮譽和獎勵，王選絲毫沒有驕傲，他站在北大的領獎台上，坦誠地說：「我的一生有10個夢想，5個已實現，另外5個需要我與年輕人共同實現。」

在實現自己夢想的過程中，王選付出了極大的心血。

1974年，長期從事電腦工作的王選重病纏身，不得已回上海養病。不久，他的夫人從北京帶回一個消息：電子部等五單位發起漢字資訊處理技術的研究，被列入國家重點科研專案「748工程」。得知這個消息，王選再也躺不住了，多年來，攻克漢字難關一直是他的夙願。即使躺在病床上的這些日子，他也時常思索這個問題，希冀著電腦技術和出版印刷業接軌，實現新的飛躍。

現在，國家也有這方面的計畫，自己怎麼能躺在床上不動呢？王選立即起身，帶病返回北京，從此往返在北大和清華之間，開始了大量查閱資料的過程。從北大到清華，每次需要2角5分錢的車票，由於缺少經費，王選總是提前下車步行一站，節約開支。

經過艱苦地探索和研究，王選初步提出了自己的方案。在這些日子裡，他滿腦子都是漢字的橫豎勾劃，睡覺時閉上眼睛是漢字的筆劃，做夢時也是筆劃，除此之外，他似乎忘記了一切。艱苦的工作導致他身體更加虛弱，本來有病的他說話都很困難了。在這樣的情況下，他參加了北京召開的漢字精密照排系統論證會。會上，他的夫人代替他發言，並展示模擬試驗的結果。

王選的方案超出了當時人們的想像水準，因此引起很大非議。有人說它是「天方夜譚」，有人說它是數學「暢想曲」，還有人乾脆說他玩數學遊戲。面對這些議論，王選的夫人有些失望，回家後說：「我們還是算了吧！」王選卻很認真地回答：「不！不到長城非好漢。」

之後，王選投入更加具體和細緻的工作中，一步步解決高倍率漢字壓縮和高速不失真還原輪廓漢字等難題。又一年過去了，他的方案完成了模擬試驗，獲得了一致好評。於是，他擔當起漢字精密照排系統的研製任務。

王選很快地帶領同事們投入緊張的工作中，這時，他聽說全球著名的英國蒙納公司，憑藉著雄厚資金和先進技術，也正在加緊研製漢字雷射排版機，想一舉佔領中國市場。面對壓力，王選沒有退縮，他默默地加快自己的工作進度，帶領著一群年輕人日以繼夜地勤奮工作。

1979年，第一台樣機誕生了。1985年，新華社第一次採用新機器排出了新聞日刊。1986年，《經濟日報》成為全世界第一家採用螢幕組版、雷射排版的中文日報社，並於翌年出版了中國第一張雷射排版的報紙。

從此，漢字照排系統成功地與出版業結合，促進了新時代的技術革命。

始於20世紀中葉的新技術革命，可稱為第三次技術革命，它是在20世紀自

然科學理論最新突破的基礎上產生的。

目前，國際上公認的並列入21世紀重點研究開發的新技術領域，包括資訊技術、生物技術、新材料技術、新能源技術、空間技術和海洋技術等。

20世紀自然科學的巨大成就，為新技術革命的產生和發展奠定了堅實的基礎，人類對於物質和文明的不斷需求，甚至是戰爭和國家間的對抗，都是刺激和推動新技術革命的重要因素。

新技術革命的產生，對社會產生了重大影響，將人類社會的物質文明和精神文明推進到一個前所未有的新高度。它提高了人類向自然作抗爭的能力，使人類獲得了主動創造新生物和新生命的創造力。

然而，技術革命也帶來了一系列的負面影響。生態環境惡化、自然資源損耗等，都需要人類不斷地努力，去改變這些困境，讓科技更好地為人類服務。

哈勃（西元1889年～1953年），美國天文學家。星系天文學的奠基人。1926年，提出銀河外星系形態分類法，稱為「哈勃分類」，一直沿用到今天。

人造血液引發的
101個軍事生物技術問題

有人預測，21世紀的科學技術將以生物技術為主導地位，迅速興起的生物技術將在軍事中扮演重要的角色。在未來的戰場上，生化武器將是一支重要的威懾力量，其殺傷力甚至比原子彈更可怕。

1966年，日本造血研製專家內藤良一聽說了一件奇聞：美國一位名叫克拉克的科學家在實驗室將小白鼠浸入氟碳化合物溶液中，小白鼠竟然不會溺死。克拉克經過研究發現，這種溶液溶解氧氣的能力比水大15倍！所以，小白鼠可以浸在裡面透過液體呼吸的方式生存下來。

這項驚人的發現立即引起內藤良一極大的關注，他遠渡重洋趕赴美國造訪克拉克，向他請教這項發現的相關細節。內藤良一注意到，氟碳化合物溶液強大的攜氧能力，一定可以用在人造血液的研究上。他回國後，馬上投入此項研究中。

但是，這是一條艱辛之路，內藤良一面臨著巨大的困難。人造血液用在人體內，不能有絲毫差錯。所以，他必須首先解決化合物在人體內長期存留所引起的中毒問題，還要設法使溶液的顆粒非常非常微小，以免堵塞毛細血管，另外，他必須保留溶液攜帶氧氣和運送二氧化碳的能力。三者缺一不可，哪一方面都不能出現問題和紕漏。

內藤良一在科學道路上艱難攀登，歷經12年的艱苦研究，終於試製成功了世界上第一批合格的人工血液製品。為了慎重起見，他首先在自己的血管內輸

入了50毫升這種具備攜氧能力的白色血液，經過觀察，沒有出現任何毒性反應。接著，他在參與這項研究的其他10名同事的血管內，也輸入了這種人工血液，結果，他們都安然無事。

其後，為了保證人工血液的品質和安全，內藤良一又進行了一系列的試驗，所有結果都令人滿意。至此，他才放心地將氟碳化合物人造血液投入臨床實驗。先後有幾名病人接受了這種血液治療，其中一位嚴重胃出血病人體內輸入了1000毫升人造血，結果證明效果良好，沒有任何毒性反應；一位手術後貧血的病人，輸入相當於全身血液量四分之一的人造血，也取得了很好的效果。後來，臨床上還將這種人造血來保存具有生命活力的離體腎臟，然後再將這種腎臟植入人體，也取得了成功。

一系列的臨床實驗證明了人造血的成功。隨後一年的時間裡，就有150名病危患者靠人造血液渡過了危機。

內藤良一的巨大貢獻開闊了科學家們的視野，他們不滿足於這種氟碳化合物人工血液只能輸送氧氣和運走二氧化碳，僅僅部分地代替了紅血球功能的成就，而開始將目光盯在能夠研製出一種完全具有人體血液性能的人工血液上。

人造血液是生物技術領域的重大突破。有人預測，21世紀的科學技術將以生物技術為主導地位，迅速興起的生物技術將在軍事中扮演重要角色。在未來戰場上，生化武器將是一支重要的威懾力量。軍事生物技術主要包括10種：

1·**基因武器**。由於人類不同種群的遺傳基因不一樣，根據這一特性，基因武器可以選擇某一種群體作為殺傷對象，而不會傷及己方。

2·**生物電子裝備**。

3・**仿生導航系統**。利用生物技術方法類比動物的導航系統來簡化軍事導航系統，使其更為精準。

4・**生物炸彈**。

5・**軍事生物能源**。比如說，用紅極毛桿菌和澱粉製成氫，那麼1克澱粉就可產出1毫升氫，氫和少量燃料混合即可替代汽油、柴油。這樣只需要帶少量的澱粉，就能保障部隊長時間、遠距離的機動作戰。

6・**軍事生物感測器**。把生物活性物質與信號轉換電子裝置結合成生物感測器，可以準確識別各種生化戰劑，而且速度快，判斷準確。

7・**軍事生物醫藥**。生物技術可以製造新的疫苗、藥物和新的醫療方法。比如本文中的人造血液。

8・**生物裝備**。利用生物技術就地取材提供高能量的作戰軍需品。

9・**仿生動力**。比如科學家正在研製的「人工肌肉」，可以直接把化學能轉變成機械能。

10・**動物武器**。利用生物工程技術，創造一些高「智商」、體力強的動物充當動物兵。

黑爾（西元1781年～1858年），美國化學家。他為美國早期化學做出了重要貢獻，被公認為當時少數在美國出生的科學家中，能夠與歐洲大科學家並駕齊驅的一個。然而，72歲高齡時，他轉向了靈學研究。

希爾伯特的23個數學問題

希爾伯特的23個問題分屬四大塊：第1到第6個問題是數學基礎問題；第7到第12個問題是數論問題；第13到第18個問題屬於代數和幾何問題；第19到第23個問題屬於數學分析。

希爾伯特被稱為「數學界的無冕之王」，他領導的數學學派是19世紀末20世紀初數學界的一面旗幟。1900年8月8日，他在巴黎第二屆國際數學家大會上，提出了新世紀數學家應當努力解決的23個數學問題，被認為是20世紀數學的制高點，對這些問題的研究有力地推動了20世紀數學的發展，在世界上產生了深遠的影響。

從中學時代起，希爾伯特就特別喜歡數學，善於掌握和應用老師講課的各種內容。1880年，中學畢業時，他父親希望他成為一名律師，但他不肯放棄自己的夢想，毅然進入哥尼斯堡大學攻讀數學。4年後，他獲取博士學位，並留校工作，後來陸續獲得講師和副教授職稱。1893年，他升任正教授。1895年，希爾伯特轉入哥廷根大學，之後一直在這所名校任教。在此期間，他成為柏林科學院通訊院士，並曾獲得施泰訥獎、羅巴切夫斯基獎和波約伊獎。

希爾伯特不僅是一位成就卓著的數學家，還是一位出色的老師，他講授的課程特別吸引人，很受學生歡迎。而且，他還勇於和舊勢力做抗爭，以一位正直的學者而受到普遍的尊敬。

其中，他努力推薦女數學家愛米·諾德的故事就非常精彩。

受當時社會環境所限，愛米·諾德雖然取得博士學位，成就突出，但因為

是女性，所以沒有資格開課，不能做講師，更不要說升任教授了。

希爾伯特十分欣賞諾德的才能，他到處奔走，為她爭取能夠上課的權利和機會。為此，學校專門舉行教授大會，討論愛米‧諾德的問題。在會上，發生了激烈的爭執，保守派認為女人不能講課，不能做教授，更不可能進入大學最高學術機構。他們輪番發言，措辭非常激烈。有的教授說：「本校從來沒有女講師，這是因為讓女人當講師，以後她就有可能成為教授，甚至進入大學評議會。也就是說，這所大學的最高學術機構裡有女性成員，這是不可能的。」

有的教授說：「請大家想一想，當我們的戰士從戰場回到課堂，發現自己竟要拜倒在女人腳下讀書時，他們會做何感想呢？」

大多數教授表示同樣的想法，他們叫叫嚷嚷，不肯同意希爾伯特的提議。

希爾伯特一直板著臉孔耐心地聽著，終於，他忍無可忍了，猛然站起來，堅定地反駁這些落後的言論：「先生們，我想提醒你們一點，候選人的性別絕不應成為反對她當講師的理由。原因很簡單，大學評議會畢竟不是洗澡堂！」

一語落地，眾多教授面面相覷，無言以對。然而，由於多數教授反對，愛米‧諾德依然沒有取得授課資格。面對這種現狀，希爾伯特並沒有放棄，而是採取了一個策略，先讓愛米‧諾德做自己的私人講師，然後再次提議。經過他的不懈努力，諾德終於成為哥廷根大學第一位女講師，後來陸續升任為副教授、正教授，在數學領域做出傑出貢獻。

除了積極扶持新人外，希爾伯特還多次和反動勢力對抗。第一次世界大戰前夕，德國政府為了進行欺騙宣傳，要求各界著名人士在《告文明世界書》上簽字。希爾伯特也受到邀請，當他明白德國政府的真實目的後，斷然拒絕簽

字。戰爭期間，他又公開發表文章，悼念「敵人的數學家」達布。後來，希特勒上台，推行法西斯專制，希爾伯特一如既往地抵制，並上書反對納粹政府排斥和迫害猶太科學家的政策。

1976年，在美國數學家評選的自1940年以來美國數學的十大成就中，有三項就是希爾伯特第1、第5、第10問題的解決。由此可見，能解決希爾伯特問題，是當代數學家的無上光榮。

希爾伯特的23個問題是：

（1）康托的連續統基數問題。

（2）算術公理系統的無矛盾性。

（3）只根據合同公理證明等底等高的兩個四面體有相等之體積是不可能的。

（4）兩點間以直線為距離最短線問題。

（5）拓撲學成為李群的條件（拓撲群）。

（6）對數學產生重要作用的物理學的公理化。

（7）某些數的超越性的證明。

（8）素數分佈問題，尤其對黎曼猜想、哥德巴赫猜想和孿生素共問題。

（9）一般互反律在任意數域中的證明。

（10）能否透過有限步驟來判定不定方程式是否存在有理整數解？

（11）一般代數數域內的二次型論。

（12）類域的構成問題。

（13）一般七次代數方程式以二變數連續函數之組合求解的不可能性。

（14）某些完備函數系的有限的證明。

（15）建立代數幾何學的基礎。

（16）代數曲線和曲面的拓撲研究。

（17）半正定形式的平方和表示。

（18）用全等多面體構造空間。

（19）正則變分問題的解是否總是解析函數？

（20）研究一般邊值問題。

（21）具有給定奇點和單值群的Fuchs類的線性微分方程式解的存在性證明。

（22）用自守函數將解析函數單值化。

（23）發展變分學方法的研究。

德弗里斯（西元1848年～1935年），荷蘭植物學家和遺傳學家。是孟德爾定律的三個重新發現者之一。主要著作有《突變論》、《物種和變種，它們透過突變而起源》等。

哪裡有懷疑，哪裡就有自由

科學與巫術的抗爭，其實也就是思想與靈魂的抗爭，這種抗爭，必將永遠進行下去，這是科學前進的動力。

在科學史上，提起英國動植物學家華萊士，人們往往會將他與偉大的科學家達爾文聯想在一起。這是因為他們兩人同時提出了物種起源學說。1858年他與達爾文一起在林耐學會宣讀他們的進化理論，是當時知名度很高的科學家。

然而，華萊士同時是一個熱衷於靈學的人。他熱衷於催眠術，並進行了一系列有關的實驗證實催眠術的真實性，在1875年還出版《論奇蹟和現代心靈論》一書。

有一次，華萊士受到古比夫婦邀請，參觀了他們夫婦和神靈在一起照的相片，在古比太太的背後有一個女人模糊的影子，披著白紗，擺著祝福的姿勢，華萊士相信這確實是神靈顯現，因為他瞭解古比夫婦，他們是不會欺騙他的。他說：「他們就像自然科學方面真摯的真理探索者一樣，是不會做出這種騙人的勾當的。」然而不久，這位攝影師就因為偽造神靈照片而被人公開檢舉。

之後，華萊士卻更加專注於催眠術等問題的研究，試圖證明巫術與科學一樣，也是自然界中不可避免的現象。他堅信第四度空間的存在，甚至宣佈說他已經證實了在那裡火是不能傷害人體的。

無獨有偶，曾經發明光電管，發現化學元素鉈的英國化學家和物理學家克魯克斯，也醉心於心靈現象，從1871年開始，他擔任英國心靈研究會第四任主席。當時，有位名叫庫克的姑娘聲稱神靈附身，使得許多人為之傾倒。

克魯克斯於是對她進行「科學」的全面測試，試圖證實四度空間的一切細節。他說：「身為一個實驗物理學家，如果能夠用經驗的觀察，證實神靈的存在，只求一次成功，哪怕失敗百次又何妨？」

在中國，巫術也是一種被經常使用的方法。漢朝時，董仲舒創立了祈雨、祈晴法。這個方法就是原始巫術利用新的科學發現獲得新生的最初、最顯著的事例。

董仲舒造了土龍，捉幾隻蛤蟆放入水中，表示向天界求雨。同時，他認為雨天是陰天，應該焚燒雄雞、公豬等陽性物體，並把這種做法叫做「開陰閉陽」，他認為這樣一來，透過製造一定的氣場就能達到求雨的目的。同樣，要是祈晴，就不許代表陰性的婦女外出，同時擊鼓，叫做「以陽動陽」。這種方法現在看來十分愚昧，然而，從另一個角度來看，古老的巫術——祈雨在這個過程中，其實獲得了陰陽二氣以類相感的新科學的形式。

科學與巫術的關係一直是個永恆的話題。有人說，科學與巫術一直不停地在抗爭，這是思想與靈魂的抗爭，這種抗爭，必將永遠進行下去，這是科學前進的動力。也有人說，科學與巫術其實是兩兄弟，它們是自由分別與上帝和撒旦生下來的孩子。究竟為何，殊無定論。

但無可否認的是，人類的早期文明全都成長於巫術文明之中。對世界的無知讓古代人類充滿了對大自然的敬畏，於是，他們在自己的腦海中構想出無所不能的神的存在，祂隨心所欲，將世界玩弄於股掌。等到人們慢慢開始瞭解這個世界，他們就開始鼓起勇氣，大著膽子地說：「嘿！原來是這樣的啊！」於是，人們有了科學。可惜的是，儘管科學發展得如此快速，卻還未能窮盡這個世界的道理，於是巫術總是不會消失，因為，它會用一種大家都不懂的方式解

釋還未被瞭解的世界。

追根究底，巫術的存在不過是對於未知的恐懼與探究。探究得越多，就會發現未知的更多。就好像一個圓，你的圓越大，圓外的不可知就更大。更多的未知帶來了更多的敬畏，讓人越發確信神的存在。在這點上，巫術和科學是一樣的。科學也不過是對種種未知的探究，唯一不同的是，科學的目的是解釋，而巫術的目的是崇拜。

翻開科學史就可以發現，科學與巫術從來就沒有徹底的分開過。別忘了，煉金術正是現代化學的始祖，而天文學又豈敢說它沒有從古老的占星術中獲得過靈感。

也許，隨著科學的不斷發展，有一天我們會驚訝地發現，科學與巫術也會「殊途同歸」，走向同一個未來。借用一句拉丁諺語：「哪裡有懷疑，哪裡就有自由。」

拉普拉斯（西元1749年～1827年），法國著名的天文學家和數學家，天體力學的集大成者。拉普拉斯用數學方法證明了行星的軌道大小只有週期性變化，這就是著名的拉普拉斯的定理。

國家圖書館出版品預行編目資料

關於科學的100個故事／霍致平編著.
－－第一版－－臺北市：宇炯文化出版；
紅螞蟻圖書發行，2008.3
面　　公分－－（Elite；8）
ISBN 978-957-659-659-9（平裝）

1.科學 2通俗作品

309　　　　　　　　　　　　　　97002912

Elite 8

關於科學的100個故事

編　　著／霍致平
美術構成／劉淳渀
校　　對／周英嬌、朱惠倩、楊安妮
發 行 人／賴秀珍
總 編 輯／何南輝
出　　版／宇炯文化出版有限公司
發　　行／紅螞蟻圖書有限公司
地　　址／台北市內湖區舊宗路二段121巷19號(紅螞蟻資訊大樓)
網　　站／www.e-redant.com
郵撥帳號／1604621-1　紅螞蟻圖書有限公司
電　　話／(02)2795-3656（代表號）
傳　　真／(02)2795-4100
登 記 證／局版北市業字第1446號
法律顧問／許晏賓律師
印 刷 廠／卡樂彩色製版印刷有限公司
出版日期／2008年3月　第一版第一刷
　　　　　2015年2月　　　　第四刷

定價 300 元　　港幣 100 元

ISBN　978-957-659-659-9　　　　　　　Printed in Taiwan